［美］杰森·汉森（Jason Hanson）◎著
陈磊◎译

90秒抵达安全

CIA公民安全手册

SPY SECRETS
THAT CAN SAVE YOUR LIFE

湖南文艺出版社 HUNAN LITERATURE AND ART PUBLISHING HOUSE
博集天卷 CS-BOOKY

90秒抵达安全

CIA

公民安全手册

目录

Contents

前言 Preface

人们经常询问我为什么要进入美国中央情报局（以下简称中情局）工作。实际上，看一看我的童年时代，你就会非常清楚。当别人在勾搭女孩的时候，我正拿着空气枪在树林里东奔西跑（或是用聚氯乙烯管搭建土豆发射台）。我还投入大量时间参加童子军活动，最后升级到最高的级别——鹰级。只要是涉及探险、生存，或者需要做准备，我就很感兴趣。慢慢长大以后，我意识到自己从来没想过要做普通的办公室工作，于是大学毕业后的第一份工作我做了警察。很快，特勤局和中情局都为我提供了工作机会。我觉得中情局的工作会更加刺激，因此接受了他们的邀请。

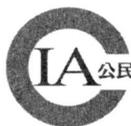

2003 年加入中情局时，我从未想过，在反间谍、监视和保护政府官员的工作中使用的策略，在平民的日常生活中也发挥着如此大的作用。因为接受了顶级训练，我有幸掌握了许多独特的技能。我能在几秒钟之内摆脱手铐的控制，轻松撬开锁具，能用电线短路点火的方法发动汽车，凭借社交工程学取我所需，判断一个人是否在撒谎。我能临时制造武器，打造出完美的应急工具包，如有需要，甚至还能从网络中消失。我还能判断自己是否被人跟踪，降低与潜在袭击者发生冲突的概率，从而保证自己和家人的安全，无论是在家还是在旅行。这些技能中，有些是每日生活所必需的，有些则不会经常用到，主要是为你“内心的特工精神”而准备。但它们都能够拯救生命，而且情况确实如此。我之所以想把这些技能分享给你，是因为即便我祈祷你永远也不要碰到危险，你还是有可能成为下一个被这些信息拯救的人。

离开中情局后我开始创业，还要养家，自那时起，将逃生策略分享给他人就成了我的任务。我热衷于个人安全与防护，这种热情引领着我在2010年创办了自己的培训机构——特工逃生与躲避（Spy Escape and Evasion）技能培训学校，大获成功。我将这些技能传授给世界各地成千上万的人，其中包括公司首席执行官、名人、安保专业人士、净资产价值很高的个人、全职妈妈，以及一些大学生。时光荏苒，我意识到是时候把这些信息分享给更多的人了，因为他们都希望能保护自己和家人。我希望这本书能让你认识到，在这个动荡不安的世界，你无须成为情报人员也能保证安全。在有趣的强度训练课程中，我成功地将特工逃生与躲避技能教给了成千上万的学员。我的特工秘诀已经帮助很多普通人在日常生活中逃脱绑架犯、阻止入室侵害、预防抢劫、避免劫车。下面是运用这些策略逃生的几个案例：

来自弗吉尼亚州的埃米·O.，当她意识到自己在家附近的跑道上被跟踪后，能够立即反应过来该如何应对。

来自拉斯维加斯的贾里德，当他在一座停车场的电梯中遭到威胁时，他很清楚该怎样应对。

来自洛杉矶的丹·P.，他分享了当他在机场附近碰到一个怒气冲冲的危险人物靠近自己的汽车时，运用在我课堂上的所学避免受伤的经历。

加里 · S. 是一家制造公司的副总裁，他一年中有十一个月都在出差，他曾两次在别人试图对他抢劫时逃脱。

来自佛罗里达州萨拉索塔的希瑟 · M.，当两名男子试图在加油站对她实施绑架时，利用战术防身笔得以逃脱。

来自得克萨斯州的丹尼斯 · R.，运用在我的特工逃生与躲避课程中学会的策略，在一次入室侵害案中得以幸存。

这些人之所以能够从潜在的危险，甚至是威胁到生命的情境中幸存下来，正是因为他们明确地知道该做些什么。他们运用从我的课堂上学到的各种策略做出行动，从而避免成为暴力犯罪的牺牲品。我的目标是，读过这本书之后，你能够有能力和自信，知道在你或你所爱的人可能面临各种危机和紧急情况时该如何应对。

1

生存智慧

90 秒抵达安全

读完本书，你将习得一些令人振奋的新技能。你将知晓如何迅速摆脱布基胶带和绳索，懂得如何分辨某人是否在对你撒谎，或是否想陷你于社交困境。话虽如此，但你将要学习的这些技能还需要搭配一些同样重要的东西——我所说的生存智慧。简而言之，生存智慧就是拥有自信，在任何紧急状况下都能立即做出恰当反应的自信。你可以凭借手头拥有的工具在危机之中迅速做出灵敏反应。你时刻准备着，而且自信能保护家人的安全。因为我认为生存智慧和我即将教授给你的技能同样重要，我总结了七条易学规则，以帮助你达成目标并保持成果。遵照这些规则，能让你以最好的状态去保护自己和家人的安全。

在本书中，你将认识到这些规则的重要性。我认为，积极遵循规则就意味着能带来改变，使人在面对惨祸时也能确保安全。你还会发现，我列举了世界各地的大量案例来展示我的各种策略是如何被运用的。在阅读已发生过的惨祸或几成悲剧的事故时，你可能会疑惑："他们当时在想什么啊？"或者"他们怎么就看不出即将大祸临头呢？"我希望，通过遵循几条关键规则，你和家人将永远不会质问自己"我们怎么就没看出来呢"这样的问题，而是相反地，在面临任何危险情况时，都有能力迅速做出适当的反应。

★ 规则 1：练习应变能力

生活中很少有事先完全准备妥当的时刻。情报训练教会了我，懂得在紧急情况下该做什么固然重要，但最终能拯救你的还是应变能力。在学习本书中的各种技能时要记住，最有用的还是将其在突发状况下加以运用的能力。生活并不总是按计划进行，用手头现有的工具解决迎面而来的难题，这一点至关重要。这条规则的最大优点是它并不难练。你会发现，虽然反应敏捷、身体强健、力量强劲很重要，但是如果无法对潜在的新威胁随机应变，这些辅助条件的作用终归还是会有所局限。只要有条件，就应重视培养应变能力。

★ 规则 2：自救

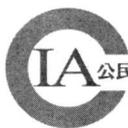

我十分相信自救。我不想依靠他人来保护家人或自身的安全。我认为自救和个人责任感应受到重视。这超出个人哲学的范畴。在本书中，你将读到一些本不至于如此，最终却以悲剧告终的惨况，其原因往往或者至少有一部分是缺乏自救的能力。我希望所有阅读本书的人都能明白，在紧急情况下采取行动自救的重要意义。我相信手头有工具的重要性，但如有必要，还要能够采取行动自救。我们国家曾面临过一些挑战性时刻，许多人的自救能力受到考验。举例来说，恐怖袭击和自然灾害使许多人认识到，面对危机产生的余波，人们必须自救。正如你将在本书中看到的那样，一些人更倾向于仰赖自己而非他人。

★ 救助自己 = 帮助他人

你没有看错。我相信在生命受到威胁时，自救是一项重要能力，但说到其重要性，还有另外一个原因。学会依赖自己之后，我们也将自身置于能够帮助他人的立场上。读完本书后，我希望我传授给你的技能加上强烈的自救意识能帮助你在紧急情况下救助他人。

★ 规则 3：别逞英雄

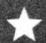

让我把话说得明白些。“别逞英雄”并不是不让你采取行动，或者拒绝做对别人有帮助和有价值的社会成员，而是说，要成熟一些，善于判断，能够远离潜在的威胁——即便你体内有部分声音拒绝照做。相信我，我懂得这样做有多困难。有一天早上，我在马里兰州的巴尔的摩晨跑，准备前往内港区。我看见前方人行道上有两个人。当时是清晨 6 点左右，我穿着慢跑服，那两个人却裹得严严实实，情况有些反常。快跑到他们跟前时，我发现他们对视了一眼，接着便分散站开，使得我必须从他们两人中间跑过去。一旦我跑到他们中间，谁知道会发生什么。安全起见，我决定穿过街道，确保能够与他们的眼神接触，让对方明白我已经有所警觉。也许是我过于谨慎，也许他们在街角还有六个同伴，正准备抢劫我。但我要说的是，我并没有被自负所蒙蔽，我也没有想要通过从他们两人中间跑过（不过你很快就会明白，为什么说我决定和他们对视这一点很重要），不惜陷入有潜在危险的境地来证明自己。

还有一次，一个醉酒佬从加油站走出来，冲我又是起哄又是责骂。原来他以为我是他认识的一个开同款车的人。我是怎么回应的？“没问题。别担心。”我本可以反唇相讥，但直觉告诉我那么做并不值得。

我可以告诉你，我在中情局时遇见过的最强硬、技能最高超的人也最沉默寡言。他们对自身能力有十足的把握，并不四处炫耀。我足够机灵，懂得最好避免将事态扩大。我无须将自己置于险境，也许那人的技能高于我，也许那人当天走大运。要对自己拥有的技能以及我将教授给你的技能有信心，但也要灵活运用。

★ 规则 4：行动拯救生命

你将不止一次地听到我强调这一点：行动拯救生命。在读到本书中人们面临的种种情境时，你会发现，生存下来的都是那些动起来的人。这条规则也被称作“离开事发地”。该规则有两种作用方式，在后面的章节中我会详细讲述各种不同情况该如何处理。为了让你有个基本概念，不妨先这样思考。如果某人拿着刀向你冲来，你有两种直接选择——逃开和被刺。显然，我将情况简化了，但我想要你看到，当受到威胁时，动起来应该是你的第一要务。该规则还有另一种作用方式——举例来说，你可能会惊讶地了解到，经常有许多人能挺过坠机的冲击而幸存，随后却因为吸入毒气而丧生。许多人被坠机吓坏了，以致连设法解开安全带都做不到，因此而失去了生命。能挺过坠机冲击且活下来的都是那些离开座位且动起来的人。他们没有被吓得浑身僵硬，而是解开安全带，迅速逃离危险。你只需要记住，无论情况怎样危急——不管是飓风、空难还是恐怖袭击——行动拯救生命。

★ 规则 5：洞察力决定一切

分享我的特工秘诀，最大的优势在于，其中有些技能简单易行，以至于你基本上在放下书的几秒钟内就能做出有可能拯救生命的改变。这是因为洞察力很重要，我会教你运用多种可采取的行动，给他人造成特定的印象——无论是让你成为一个看上去不好糊弄、罪犯不敢靠近的人，还是让你的家成为街区中歹徒不敢抢劫的区域。为了恰当地运用我在本书中教给你的身体和心理的花招，你需要注意你自己及周围人给人的印象。问自己下列问题：我看起来很容易成为受害者吗？我家看上去没人居住吗？我走路时自信满满吗？周围的人都是什么情况？餐厅里坐在你旁边的人举止可疑吗？你被刚才在杂货店里遇见的人尾随了吗？学会保持警觉对于保持安全来说非常重要。

★ 规则 6：注意基准线

注意基准线，或称常态，是大多数情报工作的关键理念。除非你很熟悉某个特定场所的常态，否则很难知道自己走入的地方是否安全。这条街道总是如此拥挤吗？我听到的噪音音量正常吗，还是出了什么事？如果不是对家宅、街区和工作场所的基准线非常熟悉，你就不可能做出适当的准备，以了解自己是否身处险境，是否需要立即采取行动。建立基准线是所有情报工作的关键组成部分，我会详细讲述具体方法。

★ 规则 7：无论何时都要保持态势感知力

最后一条规则是我个人哲学的基石。如果不练习态势感知力，所有训练都无法保证你的安全。我非常赞同这一点，因此本书用一章的篇幅来讲述态势感知力的练习，我坚持认为，我从中情局学到的最重要的事情就是保持态势感知力。其底线在于，如果对周围发生的事不敏感，我所教的所有方法都无法让你保持安全状态。如果你埋头玩着智能手机，或者在街上一边走一边分心和别人交谈，那么我的策略就不会生效，例如获知自己是否被跟踪的策略。此外，你还将读到一些因为缺乏态势感知力而造成的悲剧，而如果发挥了态势感知力的话，它们原本是可以被阻止的。你会明白，我并非在宣扬妄想症——只是一种对身边发生的事情的正常知觉。态势感知力能让你在遭受袭击之前就远离事发地，或者在被抢劫之前就穿过街道。这需要练习，还得保持一定的专注，但这是可以做到的，而且能拯救你的生命。

★ 更安全和幸福的生活

我之所以写作这本书，以及开办特工逃生与躲避技能培训学校，是因为想帮助人们过上更加安全和幸福的生活。刚刚稍稍提及的七条规则，以及之后你将学习到的大量自卫策略，能帮助你消除焦虑。我们生活在一个令人惶恐且不可预知的时代，但是我认为你不该生活在恐惧之中。知识、技能和态势感知力将赋予你心灵的平静，从而帮你解决一切可能出现的问题。

90秒抵达安全

CIA

公民安全手册

2

态势感知力

我从中情局学会的最重要的一件事

曼哈顿的一家高档墨西哥餐厅遭遇蒙面人抢劫，其中一名蒙面人还带着弯刀，工作人员迅速躲藏起来。吧台的一位顾客却对他眼前正在发生的抢劫毫无知觉。抢劫犯在吧台后搜索现金，该顾客不仅仍旧盯着手机，同时还举起玻璃杯，表示他还想再来一杯。在忽略整场抢劫的同时，他实际上还挪到了下一张椅子上，为一名盗贼的逃离让开了通道。该顾客后来告诉警探他不知道出了什么事，因为整个过程中他一直在玩手机。忽略了发生在眼前的抢劫，这表明他的态势感知力简直缺失到了令人吃惊的地步。

人们听到我说在中情局学会的最重要的一件事就是保持态势感知力时，都非常惊讶。中情局职员接受的是最好的自卫训练，要学习如何躲避各种类型的袭击、怎样在几秒钟内摆脱束缚、遭遇汽车追逐时该怎样应对——但最终保证他们活下来的还是态势感知力。我们也知道，最好完全避免陷入各种类型的暴力冲突。而让我们在危机发生前就采取行动的正是态势感知力的相关知识。如果已到拔枪的地步，那是因为我们忽略了一些情况，而且我们缺乏态势感知力。

我还以平民身份亲身体验过这项技能的重要性。我和妻子相识时，她还是巴尔的摩法律学院的学生。她的学院位于过渡区，虽然不是极端危险，但也相差不远，而且不久前还有人在学校附近的一座桥上遇刺。我不放心她晚上下课后独自行动，因此总是约好时间去接她。但是，我们在光天化日之下就遭遇了麻烦。那是一个秋高气爽的日子，我和妻子相约见面，然后带她去巴尔的摩内港区吃午饭。内港区岸边就有鳞次栉比的商店和餐厅，那里是城市中治安较好的一个地区。在内港区行走时，我注意到有个人形迹可疑。他当着我们的面在街上来回穿梭了几次，和我有无数次眼神接触，真可以说是将我从头打量到脚。那人最后保持距我两英尺远。我和妻子正在等红绿灯过马路，他径直站在我左边。因为目光接触过太多次，所以我一直用眼角的余光观察他，格外注意他的举动。我特别留心观察他的双手。能置人于死地的正是双手——双手能摸刀拔枪，也能挥出拳头。交通灯变绿后，我故意放慢脚步。我注意到那人也步步紧随。这时我拿出战术防身笔。三步之后，我转身朝向他问道："请问，你知道现在几点了吗？"他一脸滑稽地看着我，我重复一遍："请问，你知道现在几点了吗？"他回答说："四点三十分。"我们互相打量了一秒钟，感觉却像持续到永远。接着他突然转身，匆匆走开。他穿过街道，再也没在我眼前出现。

通过询问他时间，我达到了两个目的。首先，我完全解除了发生突然袭击的可能。我的双手都提着，如有必要，我可以发起攻击，解除他的武器。其次，我知道一般人的反应时间约为 1.5 秒钟，这是一个人根据情况做出反应所需要的最短时间。我知道如果他发起攻击，我需要有 1.5 秒钟的时间采取必要措施保护自己和妻子。那人告诉我时间，然后迅速转身走向别处（事实上，他当时掉头正是一种肯定信号，说明他原本是有所计划的）。如果心中坦然，他本可以按照原计划继续朝内港区行进。

每一个犯罪分子都不想让目标发现自己被盯上了，但我发现了。在向他表明我知道接下来会发生的事情后，他选择放弃目标。因为保持着态势感知力，我知道事情不对。通过对周围环境保持警觉，我察觉到妻子和我正身处险境，因此才能采取行动。本来有许多办法可以化解这次险情，重要的是我做出了行动。我相信自己的胆量，采取了适当的行动。如果当时我的注意力集中在手机上，而非周围发生的事，那情况很可能是以与行凶者发生冲突而告终。

★ 何谓态势感知力

如果你曾观察过街头、运动场或商场里大部分人的行为，你就会发现一个共同特点——绝大多数人不是在用手机聊天，就是在发送和阅读文本信息。如果是在玩手机，你就会低下头，对周围的环境没有觉察，就会对身边正发生的事情茫然无知；或者也可能你没有用手机聊天，却为工作所困，压力重重；或者只是在幻想接下来的假期该怎样度过。其结果就是，如果不保持警觉和清醒，就容易受到攻击。在很多情况下，如果人们发挥态势感知力，那些受伤（或者更甚）的情况原本是可以避免的。在旧金山，有大量手机用户在公共场合遭到袭击和抢劫。光天化日之

> **如果不保持警觉和清醒，就容易受到攻击。**

下，在一个拥挤的街角，一位四十三岁的男子在发短信时遭到袭击和抢劫。在纽约，一位日渐走红的喜剧演员在发短信时坠入地铁轨道被列车撞到，她能幸存下来可谓奇迹。但圣迭戈的那位十五岁女孩就没那么幸运了，她当时是站在街角发短信，同时不顾红灯准备穿过街道。她的哥哥试图阻止她，却迟了一步，女孩走到道路中间，被一辆卡车撞倒身亡。如果这些人能够对周边环境保持关注，这些惨剧原本都是可以避免的。

★ 智能手机与态势感知力

我知道这听起来很不可思议，但我这辈子从未发过一条短信，而且将来也不打算尝试。智能手机也许有许多了不起的作用，但我却觉得它们对态势感知力的影响很糟糕。有多少次你在红灯时停下脚步，但你前面的那个家伙却因为忙着发短信而没有注意到红灯呢？其结果就是，如果我因为忙着发短信而没能意识到正身处险境，那么在中情局受过的训练将不会有任何用处。我坚持使用翻盖手机还有其他一些原因——智能手机中存储了太多个人信息，而且太耗费时间，但最主要的原因还是它们对我的态势感知力是一种威胁。

★ 最重要的颜色：白色、黄色、橙色和红色

究其本质，态势感知力就是指保持警惕，关注你身边的环境变化。这其实是说要判断周围环境，预测险情，准备好在必要时采取进一步行动。我推荐遵照库珀颜色代码（Cooper Color Codes）行事，这也正是我在特工逃生与躲避课程中所教授的方法。这四个阶段能让一个人从心理上做好准备，面对威胁时做出适当而迅速的反应。

杰夫·库珀是一名海军战士，第二次世界大战期间曾在太平洋上的美军“宾夕法尼亚”号军舰上服役。朝鲜战争期间，库珀再次服役，在那里他被提拔为陆军中校。20世纪70年代，库珀在亚利桑那州创办美国全国手枪协会，教授平民以及执法人员和军人手枪和来复枪的使用技能。库珀虽然以其手枪和火器方面的专长而闻名，但他同时也相信，武器和自我防御技能实际上并不是抵抗潜在致命袭击的最佳方式。库珀认为，最有效的武器是人自身的思维模式。库珀颜色代码被用来描述不同等级的态势感知力，具体如下：

白色态势：毫无防备，完全无意识。我在本章开始时提到的那些人应该就属于白色态势。关键是，你始终要学会避免这种情况。

表现：低着头，眼神飘忽，对周围发生的事情心不在焉。处于白色态势的人可能是在做白日梦，用手机聊天、发短信，或者正在和别人交谈。如果处于白色态势，你可能是坐在长椅上读书，或者在夜晚不假思索地走进一条黑暗的小巷，将自己置于容易遭受攻击的境地。如果对周围环境中

正在发生的事情不加留意，你就会处于弱势，不管接下来发生什么事，你都会毫无防备。

黄色态势：放松性警觉。处于黄色态势，意味着并没有特别的威胁，但你仍然保持着警觉和清醒。黄色态势并不是要你等待袭击的发生，而是要你对周围所发生的事情一直保持关注。处于黄色态势的人很少会遭到突袭。这也是在手机出现之前绝大多数人所处的状态。

表现：你昂着头，对周围环境保持警觉。或许你正在与人交谈，但不会分心到注意不到迎面开来的汽车或者对面走来之人的攻击意图。处于黄色态势的人在街上一定会注意到正靠近自己的奇怪人士，而且有足够的时间决定如何行动——过街、掉头、求救等。黄色态势让你能意识到是否会碰到麻烦。记住这点很重要，保持黄色态势能让你远离红色态势，后者我很快就会说到。那次我和妻子在巴尔的摩市行走之时，正是因为我处于黄色态势才避免遭到抢劫，它也能保护你的安全。

橙色态势：这是一种保持特别警觉的状态。你可能注意到，明明是八月中旬的天气，却有个穿着厚重冬装外套的人在一座人潮拥挤的大厦周围晃悠。你可能在去停车场途中，注意到有人对你关注过了头。某种环境或某个人会让你感觉到潜在的威胁。你就要把手按在战术防身笔上做好准备，或是掏出手机拨打电话求救。

表现：那次和妻子上街，站在我认为会对我们构成伤害的那个人身边时，我立即调整到橙色态势。当我从那个人身上觉察到事情不对的时候，我是处于黄色态势（警觉）。一旦进入橙色态势，我便立即掏出战术防身笔。（在法律许可时，我都会携带枪支，但在马里兰州我未获得隐蔽携带枪支的许可。很快我就因为携带战术防身笔而受益。）我继续保持警觉，并准备好转身面对袭击者。如果你觉察到被人跟踪，那么转身走进门庭若市的商店也是一种橙色态势的应对方法。

红色态势：红色态势即处于危急形势，但你已做好迎战或逃离的心理准备。你已预先判断清楚，具体发生什么情况你该做出反应，并且现在已经从罪犯身上收到这种特定的信号。橙色状态时你掏出战术防身笔，而现在你用其攻击袭击者以拯救性命。发生搏斗的可能性非常大，利用你所拥有的武器或者任何防御策略——事情也有可能以其他方式解决，例如拨打911，或者逃进一处人流如织的区域。

表现：一个人真正受到威胁，就要做出反应。她已经预先辨明威胁可能会发生，而且没有被完全吓呆。这个处于红色态势的人可能已经找到逃生处，而且正飞奔前往，或者决定向袭击者发起反击，也可能已掏出刀具或其他武器，甚至还可能大喊求助。

★ 保持黄色态势以避免红色态势

希瑟，一位从我开设的特工逃生与躲避课程毕业的学员，曾凭借敏锐的态势感知力而避免陷入一场劫车险境。“每次去加油站，我总是牢记在杰森课堂上的所学，”她在汇报中说，“我把车钥匙握在手中，而不是手机，注意周围的动向。油快加完的时候，我看见一个男人从右侧向我冲来。看上去是从加油站后面的森林里出来的。他高声喊着‘抱歉’，想要吸引我的注意。我还注意到，接近我的还有一个人。直觉告诉我，情况不对劲，很庆幸我随身带着战术防身笔。我冲他大喊，叫他退后。我放下加油泵，驾车驶离。他们两人朝我的车猛踢。我确信，他们是想劫车——如果他们上了车，我在劫难逃。”

希瑟因为处于黄色态势，所以能够迅速判断那个人想对她行凶。她能够立即发现，劫车犯还有同伙。她很警觉，因此没有落入罪犯的圈套，没有在另一名犯罪分子从背后靠近时掉以轻心。假如希瑟当时因为第一个人而分了心，那么她可能会失去汽车，甚至丢掉性命。

想要保持黄色态势，需要逐渐适应，但这个小小的改变最终却足以拯救你的性命。在街上行走时放下手机，选择昂首挺胸，这就在改变的道路上迈出了很大一步，但你还需要提高感官敏锐性。直觉通常会告诉你情况不对。倾听很重要，但如果危险降临，还有另外一些策略能够帮助你变得更加警觉。

★ 逃离现场：在任何紧急情况下都应牢记的最重要的一点

除了保持敏锐的态势感知力以外，牢记这一点对于防止受伤和避免事态恶化也至关重要。无论遇到何种生死攸关的危机，你都需要动起来。在本书中我将反复提到这一点，我会说：“逃离现场。”在后面的故事中，你会看到我说，行动起来的人才能活下来。害你受伤甚至被杀的原因是吓得呆住和原地不动。如果有人举着刀冲你而来，你要逃离现场，行动起来，这样就能防止被刺伤。类似地，及时离开城市以躲避重大风暴，也是逃离现场之举。关键是要记住这一点：行动拯救生命。

> 行动起来的人才能活下来。

★ 危险并非平地乍起：辨别预发信号

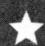

许多受害人表示，他们完全不知道会遭遇袭击。但事实上，绝大多数犯罪分子在向某人发动袭击前都有明确的信号。我和妻子去巴尔的摩共进午餐的那一回，你一定还记得我注意到有个人和我有过直接的眼神接触，并且他还跟随着我们的步速。这些就被称作预发信号。预发信号可用来描述一个人在特定形势下将会采取的可预见的行为模式。有一些可辨识的预发信号，能提醒你注意可能会有犯罪行为出现。

★ 预发信号 1：盯视

在将你锁定为攻击目标之后，犯罪分子会盯着你一段时间，时间长度令人感觉不适。如果你注意到有人盯视你的时间过长，那就穿过街道寻求帮助，或者不惜一切代价逃离他们。他们盯视你的原因在于，他们要用视线锁定目标对象，而那目标就是你。犯罪分子已经下定决心追踪你，就像捕食者会用目光锁死猎物。

★ 预发信号 2：步速

只有那些心怀不良意图的人才会跟随你的步速。与陌生人保持同样的步速，对人类而言是不自然的，因此当有人正跟随着你的步速时，请提高警惕。这一点对汽车也适用。如果在公路上你的车和别人的车并排行驶，其中有一辆便会加速或减速。如果你改变自己的车速就会发现，犯罪分子也会减速或加速以同你保持一致。这就表示，你需要尽快远离这个人以保证安全。

★ 预发信号 3：注意力干扰

当有人大喊着“抱歉”朝她跑过去时，我的特工逃生与躲避课程班上的学员希瑟没有让自己分心。她看懂了这个人的计谋——干扰注意力。犯罪分子通常都是成双或组队行动，派一个人问问题、请求帮助，甚至为看起来明显是迷路了或是新到一个地方的陌生人假意提供帮助，以此来分散目标受害者的注意力。一旦你掉以轻心，就给了其他犯罪分子可乘之机，他们会偷走你的手袋、钱夹、电话，或者更糟。

★ 打破正常化偏见：相信事情可能发生在你身上

直到今天，佩内洛普仍会后悔在“9·11恐怖袭击事件”中上了那列地铁。“我刚好住在河边，能清楚地看到双子塔。我从位于布鲁克林的公寓大楼走出，看到双子塔中的一座出现了一个窟窿，里面浓烟滚滚，火焰喷涌而出。很显然发生了很可怕的事情。很多人围在四周观望。有人说是一架小飞机撞进了双子塔。我很快就相信了这个说法。这就说得通了。”虽然看到的事情让她有些动摇，但佩内洛普觉得可能只是一次偶然事件，因此上了地铁，像往常一样去工作。她在地铁上的时候才明白过来，发生了了不得的事，而她正将自己置于非常危险的境地。“广播里传来通知，又有一架飞机撞击了世贸中心。我立即明白，出了大事，心里害怕极了。我不知道会发生什么，但走下地铁、远离塔楼应该是明智之举。”佩内洛普很幸运，她并没有像当天其他很多人一样受伤，但如果她没有被所谓的正常化偏见所影响，可能就会做出不同的决定。

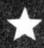

正常化偏见就是人类处理意外变化时的表现，是一种应付令人不快事

件或灾难的方法。人类天生就害怕变数。每当有大事即将发生或正在发生，例如飓风、恐怖袭击或者疾病暴发，我们很自然地会竭尽所能将事态正常化。正如佩内洛普所说：“给我一百万年，我也不可能想到会遭受恐怖袭击。恐怖袭击完全不在我考虑的范围之内。我的大脑无法应付这个。”

虽然正常化偏见是一种保护性机制，但我们必须学会抵抗这种偏见，提高警惕以保证安全。正是这种正常化偏见让我们以为一切都会没事，即将到来的暴风骤雨不会那么糟糕。因此我们便被置于危险境地。如果对于某个事件可能造成的影响没有清醒认识，我们就不可能做好充分准备。如果放任不管，正常化偏见就会导致我们做出危险行动，下面就是例子。

1. 不把灾难当回事：如果不能认识到一次风暴或潜在的恐怖袭击会造成怎样致命的影响，那么当事件发生时，你就无法做好准备。你可能还会将自己置于更加危险的境地。比如，相比乘坐地铁前往下曼哈顿城区，佩内洛普待在家里会更安全。如果能更加严肃地审视形势，她可能就会意识到，曼哈顿很危险。

2. 对灾难没有准备：我们都见过在暴风雪来临的前夜，家得宝（Home Depot）商店里有多么拥挤。人们出门购买铁锹、盐以及其他所需要的物品。在其他灾难面前，情况也是一样。在我们国家的某些地区，人们经常会遭遇飓风或森林大火。但是，并非所有人都会做好适当的准备，计划好逃生路线，准备好补给和食物。是正常化偏见阻止人们做好应有的规划。他们会心存侥幸：“大火根本烧不到这么远，所以我不用做准备”，或者“就算真出了事，我也会得救”。

3. 认为既然某事以前从未发生过，就永远不会发生：当碰到新情况时，我们很难知道应该采取怎样的行动。那些受正常化偏见影响的人很容易心存侥幸，不愿意承认：某事以前从未发生，但这并不意味着它就不会发生。正如在过去的这些年里，我们已经见识到，恐怖袭击、飓风、龙卷风和雪暴确实发生了——而且并不是每次都发生在你所预想的时间和地点。然而我并不是建议你在任何时候都忧心忡忡，担忧各种情况，而是不要因为正常化偏见而影响你去做好准备。正常化偏见不仅仅会影响你应对暴风雨或其他灾难，它实际上是一种你必须学会控制的心态，这样你才能发挥敏锐的态势感知力。

★ 我事先并不知道，我是靠观察发现的：建立基准线的秘诀

该怎样判断一个看似正常的环境是否会变得危险呢？怎样搜集细微线索，明白某事即将发生——情况并不像表面那样呢？想了解形势是否存在危险，建立基准线是重点。建立基准线需要你注意某个具体场所或某个人行为上的重大或细微的变化。人们能对他人的信息进行迅速而准确的搜集，在这一点上，BBC（英国广播公司）根据夏洛克·福尔摩斯的故事改编的现代版剧集中提供了最佳（但也太极端）范例。夏洛克初识华生之时，他随意问道：“伊拉克还是阿富汗？”根据华生的回答（阿富汗）以及同他共处的几秒钟（毫不夸张）时间，夏洛克便判断出，华生是一名受过伤的军医，他是来看理疗师的，而且理疗师认为华生的跛足是因为身心失调。

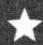

华生自然对夏洛克的精准判断目瞪口呆。当华生问起夏洛克如何得知的时候，夏洛克回答："我事先并不知道，我是靠观察发现的。"

他继续解释道："你的发型、你对自己的严格要求说明你出身军队。进门谈话时，你说过曾在巴茨受训，因此是军医。你的脸是棕褐色，但手腕以上并非如此——你一定出过国，但不是为了晒日光浴。走路时跛足很严重，但站立时并没有倚着椅子，好像你已经忘了这事，所以至少有部分原因是身心失调。这就意味着，你当时受的可能是外伤——那么就是在行动中受伤的。在行动中受伤，脸棕褐色——阿富汗或伊拉克。"

★ 究竟何谓基准线

你可以保持黄色态势，警惕周围的环境，观察哪些正常哪些不正常，但是如果大脑无法让你看清楚或者记下来并做出反应，你就不可能采取适当的行动以保证安全。要判断情况是否正常——无论是针对某个人还是某个地方，你都需要设置一个基准线。所谓基准线就是指一种非正式的衡量标准，用以判断形势正常与否。当一个好友告诉你："嘿，你最近看起来真是红光满面啊。"这就足以做出比较，因为他知道你在日常标准下的情况——他了解你的"基准线"。他能够注意到，你是不是晒过太阳，或者看上去休息得很好。如果一个平时胃口总是很好的小孩吃晚饭时却突然说不饿，那么你可能会觉得有问题。他可能是病了，或者可能只是放学后零食吃得太多。当然，对其他小孩来说这也许很正常——而如果他吃得比平时要多，你就会觉得是不是出了问题。这些只是有关日常生活基准线和环境的最基本的案例，生活在其中的人能够意识到在某个既定环境下，何为正常，何为不正常。重要的是，要明白这些并非普遍标准。相反，它们只是我们周围环境中的特例。

★ 环境也有基准线

正如你所料，几乎所有重要的政府大楼都有由摄像头和警报器所组成的警戒线，它们由某种类型的运营中心控制。摄像头如今在维护设施安全方面发挥着关键作用，因为它能为现实中的大楼建立起基准线。摄像头传感器摄取信息时就能够判断何为警戒线的正常状态。如果有超出正常范围的事情发生，比如一只鹿或一个人靠近了警戒线，运营中心立刻就能得到通知。摄像头知道基准线是什么，摄像头知道是否发生了异常情况。类似的方式你也要特别重视，了解你的基准线是否有情况要发生。每次到家的时候，如果某物有异常，你能立即发现吗？如果办公室附近出现了具有潜在威胁的事物，你辨别得出吗？为你的家，你周围的环境，你常去的场所建立一个基准线，此举能够拯救你的生命。

玛丽打开公寓房门的时候，立刻发现了异常情况。“桌上的植物被撞倒了。我知道不是我撞的。”玛丽立刻发现，还有其他一些东西也不对。“客厅里有个柜子是用来装零钱的，倒在了一边。我还发现窗户是开着的。我早上出门时肯定关上了。”玛丽了解她公寓的基准线。她很重视这些，每次出门都记得关上窗户，能肯定植物和零钱的异常之处。她为公寓设置的基准线被切断了，她知道有人曾闯入过，于是迅速报了警。不幸的是，并非所有人都能像玛丽这样与自己的基准线协调一致。佛罗里达州奥兰多市的一位女性非常幸运，在经历过两次盗窃后仍能毫发无伤。莉萨·贝利和儿子瑞安回到家时发现车库门开着。瑞安记得，早上出门上学时车库门是关了的。两人走进屋子，发现电脑和电视都不见了，柜子和抽屉全都大敞着，就连食物也被人从冰箱里丢了出来。另一次事故中，这家人回家时发现私人车道上停着一辆黑色吉普车，后座上还有个哇哇大哭的婴儿。但贝利夫人没有报警，于是撞上了盗贼。她进门时，罪犯正从后窗往外爬。这家人的幸运程度简直令人难以置信，尽管他们没有注意到基准线被切断，但也没有被盗贼所伤，甚至殒命。

★ 了解你的常态，并且严格坚持

为保证安全，很重要的一点在于让自己熟知基准线。为家和其他常去的地方建立基准线，当情况出现异常，你将立刻有所察觉。玛丽之所以能立即察觉家里曾有人闯入，是因为她了解而且坚持了基准线。坚持一条事先规划好的牢靠的安全基准线至关重要，要确保每次离开家时都能遵守。

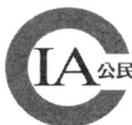

而且安全基准线中的细节必须反映你的家人和住宅需求，确保要包含以下几点：

锁好所有的房门。

关上并锁好所有的窗户。

关上并锁好车库。

打开或关上户外照明灯。

还应该保证自己和家庭成员都熟悉其他细则。出门前所有的百叶窗和窗帘都拉好了吗？有没有忘了关灯？如果家人讨论过出门前的正常程序，那么一旦基准线被打破，每一个家庭成员都能立刻察觉。记住，只要你感觉家里有陌生人，就千万不要进门。这样会带来危险，不值得。应该立刻报警。

★ 经验告诉你什么

就像你应该知道家中基准线出了问题一样，你外出购物、工作或去孩子的学校的时候，也应该能够辨别是否有情况要发生。看新闻或读文章的时候我们经常会看到有人说："我知道事情不对劲。"那些熟知周围环境基准线的人能够通过某一时刻非常细微（并非总是如此）的线索判断出情况是否不对。这些人不仅了解基准线，还能克服正常化偏见的影响。埃琳·萨里斯是波士顿马拉松爆炸事件幸存下来的一位跑步者，她就能够判断出事情的异常。“我不知道那是什么，但我知道不是打雷，因为那天天气很好，天上只有很高的地方飘着朵朵白云。”萨里斯迅速掏出手机联系丈夫，然后离开了那个地区。很快她就看到有许多救护车开过来，她的怀疑得到了证实。萨里斯知道，那声与天气无关的巨响预示着会发生危险。三十九岁的美国妈妈凯瑟琳·沃尔顿带着五个孩子在内罗毕的一家商场购物时遇到了残酷的恐怖袭击。她回忆时说曾听见“非常响的爆炸声”，于是迅速反应过来出事了。她带上三个孩子躲避起来，并给另外两个孩子发短信，要他们藏好，直至危险结束。在上述两个案例中，这两位女性都做出了反应。她们没有等着看出了什么事，也没有盲目地以为就算听到的声音响得非比寻常，事情也肯定不会有错。她们没有受正常化偏见的影响。为了判断某个环境是否存在潜在危险，可以询问自己以下重要问题：

“根据以往的经验，一切都是原本的样子吗？”

如果形势看起来不同于你所了解的正常情况，那么你就需要考虑是否有什么事情出了差错。当经验告诉你“事情不对劲”时，立刻做出反应才能拯救你的生命。

当经验告诉你“事情不对劲”时，做出反应才能拯救你的生命。

★ 从人类标准行为开始

虽然我们不可能拥有夏洛克·福尔摩斯那般高超的推理能力，但我们能从他超乎寻常的能力中加以学习，从而识人判物。我不是要你仅凭观察就弄清一个人的家庭住址和工作类型，但懂得如何通过小细节去了解一个人或一种情况是很重要的。我们所受的教育让我们欣赏彼此的差异，我们都明白，各种各样的行为都应该被人所接受。正常，非同寻常，不能接受，人们的行为有可能是上述任意一种情况。它还有可能受到诸如文化、价值观和态度等其他许多因素的影响。汝之蜜糖，彼之砒霜。在法律事务所工作时穿西装打领带被认为是非常得体的，但如果一个建筑工人穿这一身露面就极其怪异了。观看运动赛事时大呼小叫是正常的，但在看话剧演出时这样就显得没规矩。因此人类的标准行为会根据不同场所而发生变化，根据直觉，如果有人的行为异常，我们就需要谨慎行事。

二十二岁的塔吉特百货公司雇员罗克珊娜·拉米雷斯，因为在加利福尼亚州的匹兹堡解救了一名被诱拐的七岁儿童而受到赞扬。拉米雷斯注意到有位顾客举止异常。“他一副坐立不安的样子，举止实在怪异，就像是变态。我为此感到不舒服。”她回忆说。拉米雷斯看着这人，甚至还走过去询问他是否需要帮助。等那人离开商店，她还继续观察着他，然后发现那人即使在自己的车里，行为也还是很奇怪。拉米雷斯决定报警。四十五分钟后，警察将这名四十三岁的男子羁押，而来自加利福尼亚州安蒂奥克的纳塔利·卡尔沃得救了。拉米雷斯显然是注意到了这名男子的一些非正常的行为。她描述称，该男子烦躁不安，举止怪异。根据直觉，她知道事情不对。因为拉米雷斯的观察和行动，一名小女孩被警察从绑架犯手中解救出来。我不是要你每次看到有人行为稍有失常就打电话报警，而是要你意识到什么是人类的标准行为，什么不是，这一点至关重要。下列几点可以作为考量标准：

这个人的衣着符合天气状况吗？明明很暖和却还穿着冬装外套吗？

这个人做出了奇怪的手势和举止吗？

这个人出现在了他不该出现的地方吗？

这个人是否对你或其他人的关注过于密切？

这个人看上去是不是像在跟踪某个人？

这个人打量四周时是不是很紧张？换句话说，他的脑袋是不是转个不停？

★ 别给罪犯可乘之机

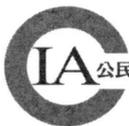

经常有罪犯在监狱中接受采访，他们被要求从街上行人的照片中挑出自己会动手的目标。读完本章之后，你就不会感到讶异，罪犯挑选的受害者都是那些处于白色态势的人——低着头，在用手机聊天，全然不顾周围环境。我们只要到大街上看一看就会发现，有99%的人都一头扎在智能手机上。我们很少看到有人会主动打量周围环境。好消息是，如果你运用我们刚才讨论的策略，保持黄色态势，自信满满地行走，昂起头，空着双手，那么你就几乎不可能成为罪犯的下一个攻击目标，因为他们会挑选更容易下手的对象，比如那些注意力放空的人。

90秒抵达安全

CIA

公民安全手册

3

逃生工具箱

战胜大小灾难的关键物品和信息

我相信知识是最重要的工具。也就是说，在有些情况下，一些补给和少量工具就能够拯救你的生命。世界是不可预知的，而我希望将其解读为要时刻做好准备。你无须进行大量的历史梳理就会发现，只要配备一些简单的工具就足以改变生与死。犯罪、事故、自然灾难在顷刻之间就能让我们深陷困境。

戴维和伊冯娜·希金斯夫妇没想过会和五岁大的女儿一起困在他们的运动型多用途汽车（SUV）中长达两天。这家人是在从得克萨斯前往新墨西哥滑雪度假村的途中被一场特大暴风雪困住的。一开始，他们还试图沿着扫雪机的车辙前进，但很快能见度就完全丧失了。汽车抛锚在一道路堤旁，很快就被雪完全埋没。希金斯夫人形容他们当时的状态就像是“被困在一座汽车冰屋中”。周围能看到和感觉到的都是雪。他们在滑雪装备中缩成一团，靠之前为旅行准备的水和零食为生。最后三人开始为呼吸而挣扎。但这家人是幸运的，在希金斯先生用手机联系了兄弟之后，大搜救行动开始展开，他们被找到并获救。

在亚特兰大，谁也不曾想到，一两英寸厚的积雪就能让整座城市陷入孤立无援之中。通勤者发现自己被困在汽车中三个小时甚至更久，许多人最后只得将车丢在路边。孩子们被困在校园，因为整座城市都陷入特大堵车事故中，他们的父母无法开车通过。总的来说，上述情况最终都能完满解决，但也有让人猝不及防的时刻，这时悲剧就发生了。

巴吞鲁日的戴比·埃斯特和她十几岁大的女儿并没有特别担心即将到来的飓风。在有线电视新闻网的采访中，埃斯特夫人回忆说，她本来以为就是刮风下雨而已，随后风暴就会平息，大家都能安然无恙。但防洪堤决堤之后，情况很快一目了然，这家人碰到麻烦了。几分钟的工夫，洪水就齐腰深了。十六岁的蒂法尼在试图救仓鼠时丢了手机。她妈妈则冲进房间去拿信用卡。他们只找到一加仑的饮用水，却要供应一家四口人（埃斯特夫人六十八岁的老母亲当时也在场）。他们设法逃到阁楼上，考虑到埃斯特夫人已在轮椅上度过了三年时光，这简直就是奇迹。洪水一直淹到通往阁楼的第五级阶梯。第二天，水开始渗透阁楼地板，这家人被逼得退到一个没有窗户的阴暗角落（有一个小通气孔）。他们没有食物，也没有任何方式可联系外界，补给用水也非常有限。更悲惨的是，埃斯特夫人的母亲因充血性心脏衰竭而没能活下来。其余人则被埃斯特夫人乘船赶来的兄弟救出。他们真可谓是幸运得不可思议。在卡特里娜飓风中，许多人都因为缺乏准备而丧生，还有许多人挺过了风暴却没能顶住余波。

这些故事说明了很重要的一点——你永远无法预知，会在何时何地面临生死攸关的境况。如果在没有食物和水，且得不到外界救援的情况下被困在家中，你和家人能幸存吗？当你驾车外出之时，如果遭遇了

你永远无法预知，会在何时何地面临生死攸关的境况。

严重危机，你能坚持多久？天气情况将人置于险境，这样的例子不胜枚举，而且许多险情的发生只在一瞬间。

三级救生装备：前中情局特工会随身携带些什么

对于情报人员随身会携带些什么，人们总以为是些了不得的东西，我倒是希望有他们想象的一半那么有趣。人们经常会期待是些疯狂的玩意——詹姆斯·邦德用的那些，比如带旋转手锯的手表、藏有窃听装置的钢笔，或者更甚，隐藏有导弹发射器的香烟。虽然我觉得我的电脑包中装有许多一般人不会随身携带的东西，但那也不是英国沙弗林金币[①]，更不是只要用特定方法打开包扣就会射出的飞刀。而且，我也不会随身带着实际上装满催泪瓦斯的爽身粉包装瓶。但好消息是，我个人会随身携带的许多物件都不贵，方便携带，而且还能救命。我将这些装备分为三级，以方便你识别哪些最适合自己。

★ 第一级：日常装备

日常装备就是我会带在身上的装备，一般会放在口袋里。

① 英国旧时使用的货币名称。

折叠式小刀：我喜欢把折叠刀放在裤前口袋，因为那里方便拿取。我一般选择蝴蝶牌，不过近年来有许多刀具生产商都值得信赖。虽然一把能放进口袋或钱包的折叠刀是防身和逃生的必备物品，但希望你最终只是用它来开箱子和打开热狗包装袋。

枪：只要是在法律许可的地方，我每天都会隐蔽携带枪支。因为我喜欢枪，你会发现我前身右侧口袋里有各种规格的枪，如格洛克 19（Glock 19）、斯普林菲尔德 1911（Spring field 1911）、西格绍尔 P226（Sig Sauer P226）、鲁格 LCP（Ruger LCP）。当然，在携带枪械之前，必须先拿到许可证，接受适当的培训，包括安全操作和储藏方面的培训。拥有枪支是一项很严肃的责任，不能掉以轻心。

手机：这一条是常识，因为你需要与人保持联系。再次声明，我不是智能手机的拥趸，也不爱发短信。我认为它们会影响态势感知力，此外，智能手机也很容易导致使用者的身份信息被窃。我认为手机是用来打电话的。我可不想在街上或车里因为看短信而失去防备意识——但是如有必要，我也希望能拨打 911，而且你也应该如此。

发卡：这东西听着可能有些奇怪，但后面我会向你证明，一个便宜又简单的发卡是怎么帮你摆脱严重危机的。我总会确认逃生与躲避枪带（covertbelt.com）上放有发卡。它轻如羽毛，而且你永远不会注意到它的存在。

猴拳结伞绳钥匙链：伞绳（有时被叫作 550 绳或降落伞绳）有许多惊人的用途。它的结实程度让人难以置信，能帮你摆脱一些严重危机，这些我们马上会说到。猴拳结也是一种出色的自卫工具，因为这个绕着滚珠打成的伞绳结如果用来向他人发起攻击，会对其造成严重伤害。登录我的网站（spyescape.com）可免费获得一个猴拳结钥匙链。

手铐钥匙：我在钥匙链、逃生与躲避枪带上总会挂一把手铐钥匙。你永远不知道它什么时候能派上用场，而且这个东西能带上飞机，所以也无须担心被运输安全管理局（TSA）没收。

美元：现金就是王道。虽然美元现在没有过去值钱了，但我知道有些朋友曾经靠着几张二十美元或一张一百美元的钞票得以摆脱困境。如果要出国，而且需要找他人行方便——给他塞点钱就能帮你搞定。你永远不知道，什么时候需要向他人小施恩惠，什么时候又急需搭车前往其他地点（一般我不会建议上陌生人的车——除非极端情况），所以注意随身携带些现金吧。

战术防身笔：战术防身笔是我一直以来最爱的自卫工具之一，而且从不曾离手。它适用于每一个人。乍一看，它就是支真正的钢笔，可以用来写字，并且需要在当地的办公文具店补充墨水。当你不用列清单和写便条的时候，还可以拿它来阻止袭击者。经我培训过的好几千人都会携带战术防身笔，从大学生到政府工作人员和海外旅行者，都不例外。战术防身笔采用航空级铝合金制造，笔尖坚硬有力。如果遭遇事故，或者需要在车落水前逃出去，这支笔的笔尖可以用来阻止袭击者，也能够戳破车窗玻璃。在接受训练的过程中，我也亲身体验过被战术防身笔攻击的疼痛感是多么剧烈。如果遭到袭击，用战术防身笔猛戳对方的眼睛、肾脏或腹股沟，这样就可趁机逃生。具体该如何使用战术防身笔，我们在自我防护部分会详细探讨，不过如果你想看看我用的那支笔，可以登录网站：tacticalspypen.com。

我之所以会成为战术防身笔的忠实粉丝，另一个原因就在于它可以随意被带到任何地方。带着它上飞机或者进法院都没问题（我就曾带着我的战术防身笔去法院交罚单）。最近，曾参加过我课程的一名学员联系上我，说他带着战术防身笔通过了以色列的本·古里安国际机场，那里被认为是世界上最安全的机场。对于跑步者来说，它也是一件了不起的工具。我本人也喜欢跑步，我知道很多人有战术防身笔在手，跑步时会感觉非常自在。手里拿着小刀或枪跑过街角会吓到人（而且后者也不合法），但换成战术防身笔，谁也不会多看你一眼。

开锁工具：我总是随身携带开锁工具。以防遇到需要从上锁的房间逃生的境况。此外，当需要打开档案柜、上锁的抽屉，或者邻居被锁在屋外，找你寻求帮助的时候，它也能派上用场。开锁工具也能轻松通过运输安全管理局的检查。事实上，90% 的情况下我都能毫无困难地通过；约有 5% 的情况，安全管理局的工作人员会加以评论，称赞说“真酷”；剩下 5% 的情况，他们检查之后就直接还给我。想了解我使用的信用卡开锁工具包，请登录 safehomegear.com 网站。不过，虽然开锁工具在大多数州都属合法，但携带之前还是先确定你所在州市的规定。

信用卡刀：对于那些不习惯衣服里别把刀的人来说，信用卡刀是个绝佳选择。相比常规的刀具，我认识的许多女性更青睐信用卡刀。顾名思义，信用卡刀就是一把设计上非常精巧的刀，它能折叠成信用卡的形状，以确保安全和方便携带。刀锋从卡的中央位置弹出，然后两边向后折叠，扣紧到位。这个原本只是放在钱包里当“信用卡”的东西瞬间就能变成一把锋利的刀，可用来自卫或者逃生。想免费获得一把信用卡刀，并观看刀具使用方法的视频指导，可登录 spyescape.com 网站。

★ 第二级：手提电脑包装备或手提包装备

我工作很忙，要为不同杂志撰写文章，要会见客户，还要上很多培训课。每次外出，我都会带上手提电脑，这样方便随时完成工作。电脑包里除了工作资料外，还有一些关键物品也是我喜欢携带的。

防弹板： 防弹板真的很有用，而且事实上用途也很多。我的防弹板是3A级，采用的是制作警察用防弹背心的同种面料。3A级防弹板在你防止自身被钝器所伤时能提供最高级别的保护，正是你在高危情况下所需要的工具。如果遇到激烈的枪击事件，我可以拿防弹板来保护身体重要部位，这样就能拯救性命。在单手给手枪装卸子弹的时候我也会使用防弹板。我会用枪口抵住防弹板，这样就有了牢靠的支撑。它在空枪训练中也非常好用，可用作额外预防。（登录bulletproofpanel.com网站可观看我测试防弹板的视频。）

备用弹药： 显然你需要查看法律规定。在合法的场所，我会在电脑包中装配五十发弹药。我使用的是带有夹套的空尖弹，再具体些，是施佩尔品牌的金点子弹（Speer Gold Dot）。

开锁工具包： 如你所知，我已经有一套信用卡大小的开锁工具包了，但有些工具我喜欢双保险。我时常也会在电脑包里放一件全尺寸的开锁工具包。

雨披： 雨披的作用不言而喻。可以用来挡雨，也可以用于紧急避难。

止血剂： 我在电脑包里总会放上止血剂，而且每次只要上跟枪有关的课程，我就会配备。止血剂就其本质而言，其实就是纱布，不过是在纱布上覆盖能加速身体自然凝血过程的药物。如果我被枪击或者被刀刺伤，甚至哪怕只是因为车祸而造成严重伤口，这样东西是我想立即拿到的。

手电筒：我认为无论是遭遇紧急情况，还是只碰到普通停电，手电筒都非常有用。我用的是一把超小型尺寸的，我管它叫“特工手电”。登录spyflash-light.com网站可得到我免费赠送的特工手电。

多功能工具钳：我还喜欢带上莱瑟曼产的多功能工具钳。因为它集老虎钳、刀、螺丝刀和一些其他工具于一体，完全能派上一百万零一种用场。

汽车钥匙：举个逃亡的电影场景，你就会懂我为什么会觉得车钥匙是件重要物品了。当你碰到紧急情况，需要短路点火或者强行占用别人的汽车时，这件工具能帮你进入老款轿车。记得自动售货机用的那种金属片钥匙吗？汽车钥匙就与之类似，基本上也就是一件汽车开锁工具。锁匠、汽车经销商、拖车和回收公司都会使用它。将它插进锁里轻轻晃动，这样你就可以打开1999年之前生产的汽车。当然携带汽车钥匙也完全合法。

布基胶带：布基胶带用途广泛，很适合随身携带。你可以用它来贴补帐篷上的窟窿，或者把东西绑在一起做成庇护所。布基胶带结实又耐用，有些网站还专门展示它的许多古怪用途，例如用来做钱包，甚至做吊床。

火源：我不抽烟，但总会携带打火机。如果碰到需要生火取暖或者加工食物的情况，我想做到有备无患。

伞绳：在这本书中，你将看到伞绳有许多种惊人的用途。我在电脑包里会带上七英尺长的伞绳。后面你会看到伞绳的更多用法。

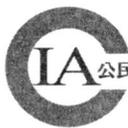

录音笔：虽然许多手机可以帮你记录，但我还是喜欢随身携带录音笔。如果要和某个我无法百分之百信任的人合作，我会录下整个过程。如果你想照做，那就需要先弄清楚你生活的州市法律有关谈话录音的规定。如果你生活在一党执政的州市，那基本上就意味着可以录音，如果是两党轮流执政，那就必须征得许可。网上很方便查找你所生活的州市具体的法律规定。

★ 第三级：汽车装备

美国人大量的时间都花在汽车上。不管你相信与否，美国人平均用在汽车上的时间为四又三分之一年，驾驶距离相当于往返月球三次。美国人平均每年被堵在车上的时间多达三十八小时。出于这个原因，配备些基本的求生工具随时带在车上就显得非常重要了。我认为车上必备的两项工具分别为一个工具箱和一个七十二小时工具包。妻子和我在家里的每辆车上都备有这些工具。

工具箱：我的随车工具箱中配备了一些相当特别的物品：

斧头：我的工具箱中收有一把小斧头。在需要劈柴或砍断拦住道路的树木时非常趁手。

拖缆：这东西我实际上真用过一次，是拖曳我表亲的故障车辆。拖缆能帮你将汽车从困境中拖曳出来——当你需要绳索捆绑东西，例如固定货物、搭建庇护所时，会非常实用。

手动曲柄收音机：在紧急情况下，不要指望依靠手机或汽车收音机。手动曲柄收音机能让你随时了解形势的变化（因为是手动曲柄，所以无须担心电池问题）。

打火机：你已经知道，我的手提电脑包中装有一个打火机，但是为了双保险，我在车里也会备一个。

撬棍：当涉及砸破车窗或突破栅栏之时，撬棍很有用。它还可用作杠杆或控制杆。

急救箱：我用的这个简单型急救箱，在绝大多数零售店都能买到。有了它应该就能解决基本的受伤问题，记住还要配备止血剂。

当地地图：如果必须要匆忙离开城镇，你要能够找到目的地和回来的路。紧急情况下不能依靠全球定位系统和手机。

伞绳：无论任何时候，我都会在车上准备至少二十英尺的伞绳。你也许已经看出，我非常看重伞绳，因为在车里、手提电脑包中……几乎所有的地方都有。

小刀：我在车中备有一把基本型求生刀。是的，我裤子口袋中还有一把折叠刀，不过刀多备一把总不会错。

折叠铲：折叠铲很适合放在车里，我是格洛克公司 E-tool 折叠铲的铁杆粉丝。需要从雪地或淤泥中挖出轮胎的情况也不是不可能碰到。有了这件工具，做起来就相当容易。

七十二小时工具包：七十二小时工具包绝对是你车里不可或缺的关键工具。如果在不明地带遭遇事故，车抛锚了，或者被困在雪地里，这个小背包里的物品足够你保命。包中装有足够维持三天的食物和水。它体积很小，不会占用你车内太多空间，而且并非可有可无的物品。这样的预制小包买起来很方便，也可以自己制作。齐备的包中要包含下列物品：

食物棒：至少需要六条高能量食物棒，每条约含四百卡路里热量，且应该是防水包装。

六箱过滤水（Aqua Blox）：这些水足以支撑三天。这种应急饮用水获得海岸警卫队的认可，保质期为五年。

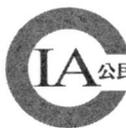

净水药片：至少准备十片净水药片。十片能净化五瓶两升装的水。使

用时直接丢进水里，等待数分钟，水就能安全饮用了。

AM/FM 两波段收音机：还要确保备有电池。收音机可以让你在紧急时刻收听天气预报以及其他广播电台。

LED 手电筒：你需要的是可充电的手电筒，而且电不会用完。找找那种只用挤压手柄就能充电的手电筒。

三十小时求生蜡烛：这种蜡烛可调节烛芯，而且还能用作野营炉加热食物。

五合一应急求生口哨：除了哨子之外，五合一中还包括反光镜、指南针、防水火柴盒、生火用的燧石。

防水火柴：你需要一盒防水火柴，以防装备在紧急情况下被打湿。

应急睡袋：睡袋应防风、防水，能保存你身体 90% 的热量。

应急雨披：要准备带有兜帽的雨披，这样能将你整个身体都保护起来。

求生刀具：有些求生刀中包含十六种不同工具，例如十字头螺丝刀、开罐器、螺丝锥、钻孔器、修甲刀、坚固的铰刀、取饵钧、槽螺丝刀、钥匙圈、牙签、刮鳞刀、镊子、木锯、刀片和开瓶器等。

防尘口罩：你需要的是被国家职业安全与卫生研究所批准的产品。

口袋装纸巾：至少三包。

防护眼镜：遇到灾难时保护眼睛不被杂物所伤。

针线包：用于缝补衣服、帐篷或其他躲避处的裂口。一定要有安全别针、缝纫针、纽扣和线。

二十四小时洗漱卫生工具：准备牙刷、牙膏、湿纸巾、一小块香皂、洗发水、护发素、牙线签、护手霜、润肤露、除臭剂、剃须刀、梳子、卫生护垫、剃须膏和毛巾。

小型急救箱：你需要不同尺寸的创可贴、布条、消毒片和纱布。

扑克牌：娱乐用。

便笺和铅笔：紧急情况下用来书写重要信息。

★ 杂物

现在你已经知道，我喜欢提前做好一切准备。除了在三级救生装备中提过的物件外，我在车里还会备好其他一些物品。其中一样是螺栓割刀。如果需要割断栅栏锁链或是挂锁，它就能派上用场。如果要切割栅栏，你极有可能是遇见了极端情况。不知你是否已经发现，某些物品我喜欢准备双份。我会在七十二小时工具包的基础上额外准备一定分量的食物和水。

记住，我不是要你现在就行动，今天就买齐所有物品。你应该考虑清楚，三级救生装备中哪些物品最适合你。但至少，你现在就应该着手准备你的救生装备。

★ 搜集情报：搜集信息保证安全

现在你已经知道几乎所有情况下所需要的救生工具，接下来我将分享一些基本救生知识。除了准备好灾难应急食物、水和其他必需品外，为了保证家人安全，还有一些事情要提前做好准备。

回想2004年的圣诞节，萨莉·戈登是和家人朋友在泰国芭东海滩上天堂般的豪华别墅里一起度过的。当时戈登站在海滩上，注意到有浪涛逼近。她没有丝毫担忧，而是冲进别墅拿出相机。几秒钟的工夫，巨浪袭来，整座别墅都被冲垮。戈登立刻被一道激流卷走。洪水卷着她的身体穿过一座座建筑，在残骸之中拍打，甚至把她冲到一辆漂浮的汽车底下。后来，她奇迹般地被冲到内陆约一英里的地方。在那天暴发的几乎摧毁泰国（以及印度、斯里兰卡、印度尼西亚和其他一些国家）的海啸中，戈登失去了几位好友。她的一个儿子跑到内陆一英里的地方，摇摇晃晃地爬到树上，她的丈夫和另一个儿子则爬上高尔夫俱乐部的屋顶，她的第三个儿子被波涛直接击中，后来被一名游客拉到树上才获救。戈登和家人能在这场劫难中幸存，实在是幸运得令人难以置信。那场海啸造成二十五万人丧生，其中约九千人为游客。绝大多数讲述在海啸中幸存的故事都有同样的开头——“我们原本身处天堂”，或者我们在海滩上悠然自得。没有人会想到，几分钟之后就会暴发那样的毁灭性灾难。

★ 国外的人工情报：人力资源能拯救你

当然，海啸实属罕见，2004年那场海啸更是游客所能遭遇到的最为极端的状况。话虽如此，在一个国家遭受巨大灾难时，仍会有成千上万的游客滞留、受伤，依赖于外国政府的救援。中情局使用人工情报（HUMINT， human intelligence 的简写）这一术语来代指所有能通过人工搜集到的情报。换句话说，就是一种在当地进行的信息搜集工作。在国外旅行之时，类似的基础人工情报工作的重要性，再怎么强调也不为过。出发之前，花些时间上网了解该国信息，首先确定局势是否适合旅行。你可以找人交流，询问当地医院、美国大使馆、交通工具和逃生路线的位置。如果你正旅游的国家发生海啸之类的灾难，去哪里能获得医疗救助？该如何寻找自己的家人？

虽然我很谨慎，但也要承认，类似萨莉·戈登那样严重的情况，遭遇的概率很小。然而，人工情报调查则会影响你处境的安危。当身处国外，要特别注意何为典型常态，何为异常。基准线是什么？当地人怎样穿着？你该如何融入其中？至关重要的一点是，出国旅行时，不要表现得引人注目——你不会想成为攻击目标甚至受害者。出国在外（事实上无论在哪里），除了融入当地人之外，注意以下几点也是不错的做法：

密切关注，并确定跟进与你前往的国家相关的所有旅行预警。

确定拥有最近的美国大使馆或领事馆的联系方式。

注意可行的逃生策略，以备遭遇自然灾难或社会动乱时逃生之用。

★ 家中的人工情报

花些时间勘测你所居住的街区，这一点也至关重要。如果长期生活在同一个地方，会很容易注意不到自己所在区域所发生的变化。你可能还记得，有一次你和配偶开着车，你问道：“嘿，那家商店何时开的？”听到答案是“去年”你可能会大吃一惊。无论是一辈子都住在同一个地方，还是刚刚搬到一个新城市，搜集一些有关住处的信息至关重要。不久前，我刚从弗吉尼亚州搬到犹他州。我首先做的事情就包括搜集新家的信息。要确保你了解下列设施所在的位置。遭遇重大灾难之时，你可能需要立即前往其中的一些或全部场所。

安全通道和死角：如果要步行或开车逃生，该走哪条路？死角就是那些可能发生拥堵的地方。如果知道这样的地方在哪里，紧急情况下就能避开。

医院：距离最近的医院有多远？如果很难前往，该去哪里？

药店：你需要知道哪里能买到药品，以免家人受伤或生病，这一点很重要。

水源：关于新家所在的街区，我最先了解到的信息之一就是，住处一百码之外有条河，三英里之外有座湖。如果有紧急情况发生，我可以拿上平时常备的净水器之一，提上水桶，去那里为家人采集饮用水。2014年8月，俄亥俄州的托莱多市政府发布预警信息，要求居民不要饮用自来水。政府宣布进入紧急状态，地区商店里瓶装水储量告急。你永远不可能知道水源供应何时会遭遇危险。知道在哪里能取水对危急时刻保证家人的生存至关重要。

警察局：时刻记住离你最近的警察局的确切位置。如果遇到有人驾车跟踪或者遭遇任何类型的紧急情况，那里就是你该把车开去的地方。

当地的市立机场：强烈建议所有人都记住市立机场的地址。我搬到犹他州之时，就专程造访过一次。花上 100 美元，我就可以来一趟“探索飞行”。探索飞行能帮你弄清一旦发生严重危机，你该逃往哪里。了解机库和飞机储存位置很有帮助。多数市立机场都提供一些很酷的服务，如飞行俱乐部、飞行课程等。但你真正需要了解市立机场的原因何在？在极端环境下——我说的是世界末日那样等级的灾难——市立机场能为你提供最佳的逃生机会。这时，你可以付款拜托某人（随身携带现金的另一大原因），或者希望有人能同情你，帮你逃生。出于这种原因，认识一两个飞行员也不是坏事。

★ 食物和水：准备自己的供给

我推荐为自己和家人准备好一年分量的食物和水。这不仅能保证你在危机中逃生，还能让你保持内心平静，因为你知道就算失业，也有能力养活家人。显然不是所有人都有经济基础（或者储备空间）维持这么大的储存量，但是准备得越多，情况越好。

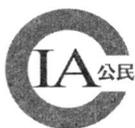

★ 危机爆发时，你必须立即采取的行动

如果遇到重大灾难——无论是自然灾害、暴行，还是任何形式的灭顶之灾——你必须不计一切代价做到以下行为以逃出险境。

1. 记住，行动拯救生命，所以离开事发地。动起来，采取行动能极大地提高你生存的概率。待在原地不动则会丢掉性命。

2. 迅速武装自己。最好是有机会给自己配上刀或枪（至少我希望你的战术防身笔能带在身上），不过如有需要，几乎所有物件都能用作武器，包括石头、碎玻璃片，甚至是大棍。

3. 在安全的情况下取出装备。显然，能拿到七十二小时工具包最好。如果能拿到，那就去拿。如果取它会将你置于更危险的境地，那就必须放弃。

★ 水

推荐的存水量为每人每天一加仑。有人会喜欢使用五十五加仑装的容器。我喜欢的刚好是七加仑的信赖装。显然，每人每天一加仑很快就能积少成多。

★ 应该在家中准备多少应急现金

聊胜于无，我给你定的目标是，二十岁的话，无论何时家中都要至少留一千美元现金。如果有能力，我会准备更多。如果有危机发生，导致你无法从银行取钱，这笔钱将帮你挨一阵子。它会让你保持冷静，知道可以付现金请人帮你或家人逃离危险——或者在自然灾害或断电后购买必需品。

★ 食物储备

我知道，大多数人不可能立刻出门买回足够维持一年的食物。你可以开始每月收集罐头食品和谷物，这样不知不觉中你就能存够能供应一年的食物（或者任何足够你消耗的储量）。我正好是耶稣基督后期圣徒教会（摩门教）的信徒，我可以从教会罐头厂购买食物。无论你信仰何种宗教，都能从这些罐头厂购买食物，而且他们的价格最优惠。目前有 101 家罐头厂可供你批量购买。如果去不了罐头厂，也可以登录 providentliving.org 网站在线购买。记住，不是只有摩门教徒才能从这些罐头厂购买食物。它们对所有人敞开大门，不考虑宗教归属。

90秒抵达安全
CIA
公民安全手册

4

逃生艺术

如何轻松摆脱绳索、手铐、
束线带和布基胶带

一名在美黑沙龙上班的女性，于工作时在监控视频中发现一名男子形迹可疑。当时沙龙里只有她一个员工。一转眼，那名男子就站在她办公室门口。她被击中头部拖进一辆货车。在车上，她的大腿和手腕都被布基胶带绑了起来。幸运的是，她设法将自己抛出车外逃离了险境。她颅骨骨折，还受了一些外伤，但原本命运可能会更加悲惨。事后证明，四十九岁的凯利·斯沃博达基本上将自己的货车改造成了移动式酷刑室——地板上安装了锁链，还备有束线带和绳索。调查还发现，斯沃博达对二十个不同的女性做了记录。他到处跟踪她们，还记下她们的车牌号。

多数人家里都有布基胶带。我们用它来打包纸箱，或是修补某件需要快速修理的物件。然而，大多数人都不知道，布基胶带还有更为邪恶的用法。如果罪犯在绑架或入室盗窃时想要制伏你，他们最有可能使用的就是布基胶带。事实上，一旦罪犯用胶带缠住受害人的手腕，多数受害人从精神上就会放弃，因为他们完全不懂该如何逃生。然而，我知道有种方法只需要一两秒就能挣脱，在本章的最后，你也能学会这种方法。你还将学会怎样从汽车后备厢里挣断束线带，摆脱手铐逃生。我已将这些技能成功地教授给许多不同背景、不同年龄的男男女女（确切地说，从九岁到七十七岁都有）。我的学生发现，知道在紧急情况下该如何摆脱束缚，能让你更有力量，而且逐渐充满自信。

★ 如何摆脱布基胶带

★ 罪犯最爱的束缚手段

凯利·斯沃博达并非第一个使用布基胶带的犯罪分子。这是束缚某人最简便也最迅捷的工具。一旦明白摆脱布基胶带的容易程度，你将再也不会害怕它。我个头不高，看着也不吓人，但因为知道怎么做，我能在几秒钟内摆脱布基胶带的束缚。我曾有机会同综合格斗选手共事——都是些大块头、手臂粗壮的家伙。我用胶带绑住他们的手腕，叫他们逃脱。这些极为强壮的朋友会试着把双手分开，不停地扯胶带，但毫无用处。被胶带绑住后会感到心力交瘁。如果你不知道该如何摆脱，而只是扯胶带，那最终只能放弃。

摆脱胶带的关键不是力量，而是要懂得如何创造新的角度，好轻易将它扯破。如果你曾经扯断过一片胶带（而且我肯定你遇到过），那么你就知道，想撕裂胶带，只要找准正确的角度即可。那就是我们现在要做的事。

★ 步骤 1：调整姿势

当你被胶带束缚时，要尽可能远地将身体前倾，手肘和小臂紧靠在一起。如果能做到，就双手握拳。这样做的目的是用小臂创造一个密封环境。身体前倾也是给攻击者发出一个“顺从”的信号，让他们明白你不是麻烦。

★ 步骤 2：挣脱

记住，你尽可以死命扯，但是胶带纹丝不动。你需要做的是重新创造角度，这样就能轻松将其撕裂。要做到这一点，把手臂尽可能高举，高过脑袋。然后迅速地将双臂张开向两边下拉，就像是迅速将双手拉过两边髋骨一样。登录 spysecretsbook.com 可以免费观看我示范胶带逃生术的视频。

★ 故障排除

练习的时候，如果胶带没有破裂，很可能是因为你没有将手臂和双手分开超过两侧髋骨。反复练习，直至掌握动作为止——从头顶开始，快速急剧下拉、分开，最后将双手拉向两侧，超过髋骨。成功掌握了这个动作，胶带就会被扯开。

★ B 计划：如果是从背后被胶带绑住或是受伤了

我经常被问到这样的问题，“如果罪犯将你的双手反绑在背后该怎么办？”事实上，这种事情不会发生，罪犯会把你的双手绑在身前，因为这样更快更简单。而且这样他们就可以扯着你的双手，想带你去哪儿都可以。不过，如果此事发生，或者如果你受了伤，没办法调整到需要扯破胶带的角度呢？那么我来教你第二种逃生法。方法虽然不同，但目标是一样的，那就是调整角度，挣脱胶带。这种方法要求你找到一个九十度角——墙角、椅子、家具的拐角，什么都好，然后把你被胶带绑住的手放在其边缘，做锯的动作，直至割开胶带为止。如果决定练习这种方法，你就会惊讶地发现，竟然如此迅速就能摆脱胶带的束缚。

> 如果放任不管，布基胶带会击溃你的心理防线。

★ 双手、双脚和嘴巴都被布基胶带缠住了，你该怎么做

我会先挣脱双手。这一般都是首先要做的，而且我也会采用本章之前教授的技巧依样行事。接下来，我会撕开嘴上的胶带以便能更顺畅地呼吸。最后再撕开腿脚上的胶带。

重要的是要记住一点，如果放任不管，布基胶带会击溃你的心理防线。如果被胶带绑住，你很容易放弃。不要这样。其实，曾经有个

十七岁的女孩同父亲一起来上我的课，她很想亲身练习一次完全被“胶带绑住”后的逃生技能。她主动要求我们将她从头到脚绑好。她腿上的胶带一直绑到膝盖以上六英寸处，手臂也一直被缠到手肘。我还封住了她的嘴。但不到三十秒，女孩就完全摆脱所有胶带。不要被胶带威吓住，这一点和知道摆脱的技巧同样重要。

★ 如何摆脱束线带

虽然胶带是罪犯束缚人质最常用的方法，但明白如何摆脱束线带以防万一也很重要。

在佛罗里达州的杰克逊维尔市，曾有两名女性被发现死在路边，年龄分别为十八岁和十九岁。两具遗体上都绑着束线带。在加利福尼亚州的奇科，一名助理医师因为交通违章被拦停在路边。事实证明，他有犯罪史，曾经绑架过大学女生并实施性侵。被绑架的女生双手双脚都被束线带绑住，眼睛也被胶带封起来。

和胶带一样，如果不懂正确的方法，束线带也很难摆脱。它们便宜、很容易获取，而且就像胶带一样，束线带也会造成心理负担——受害人很容易相信自己无法摆脱。

★ 步骤 1：调整姿势

被束线带绑住之后，将双臂尽可能远地向身前伸展，两臂紧贴。姿势就和你摆脱布基胶带时所用的一样。

★ 步骤 2：旋转锁扣

你会发现，绑住你双手的束线带上有个小锁扣。你必须转动锁扣，让它刚好位于你双手手掌的接合位置。也无须把握得那么准，尽可能靠近中央就行。显然你的双手没法做到这一步，必须用牙齿咬住束线带末端，然后将锁扣转到正确位置。

★ 步骤 3：挣脱

挣脱束线带的技巧和胶带完全一样。尽可能地把双手向头顶方向举，两臂紧贴。迅速地将双臂垂直下拉，然后向两侧打开，超过髋部。锁扣就会弹开。可登录 spysecretsbook.com 查看我挣脱束线带的演示视频。

★ 故障排除

使用这种方法摆脱束线带需要较大力气，不是所有人都能做到。下拉时，手臂下落和双手分开都要按照正确的角度。如果角度不对，方法就不会奏效。假如这种办法无法摆脱，不要着急，还有第二套方案。

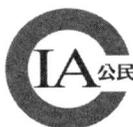

★ 换掉鞋带

如果不想在公文包或钱包中携带伞绳，可以考虑用伞绳代替鞋带。伞绳很好找，颜色各式各样，而且看起来和普通鞋带没有区别。

★ B计划：伞绳方案

我的经验是，所有人都能用挣脱法摆脱布基胶带，但正如我前面说到的，摆脱束线带的束缚对某些人来说要更难。幸运的是，还有替换方案。还记得我在之前的章节中讲过的伞绳吗？下面就是它派上用场的时候了。

把伞绳从口袋、包或鞋子上取出。理想情况下，你需要七英尺长的伞绳。将它们穿过束线带，垂在你双手的中央。接下来，两端各结一个圈，要大到足够你把脚伸进去。双脚伸进伞绳圈，仰躺下。用套在圈中的双脚做踩自行车的动作，这样束线带就能打开。

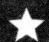

★ 如何摆脱绳索

一对来自新奥尔良的新婚夫妇失踪，十一天后，他们的遗体在一处近岸航道中被发现。他们的双脚上绑着蓝色的尼龙绳。丈夫身上的绳索上绑着一只三十磅重的壶铃。妻子脚上的绳索有磨损，说明曾经也被绑在什么东西上。1996 年 8 月 21 日，利奥尼拉・塔拉・科尔特斯同一位男性友人留在车里，之后再没人见过她。她家人知道事情不对劲，因为她从来不会把两个年幼的孩子丢下。虽然花了几年才确认她的尸体，显然她的尸体曾被绳索捆绑。这再次说明，绳索的运用虽然不像布基胶带一样普遍，但如果发现自己身处极端险境，知道如何摆脱绳索至关重要。

★ 步骤 1：调整姿势

被绑之后，双手手掌紧握在一起，但手肘要分开。不要像被胶带绑住之后一样双臂紧贴。手肘分开的目的是靠手腕的弧度来创造额外的空间。

★ 步骤 2：前伸和摇动

在被绑起来之后，保持手肘张开的姿势，将手臂前伸，直至完全伸直，同时确保双手平端，且互相紧压。做到这些之后开始迅速来回摇动双手，直至能够抽出一只手。这种方法无论绳索粗细都能奏效，但要注意，如果绳索较细，花费的时间就会较长，而且你可能会被绳索所伤。如果想了解确切做法，请看我在 spysecretsbook.com 网站上的演示视频。

★ B计划：用伞绳摆脱绳索

希望你开始明白，为什么随身携带伞绳是个好主意——至少把普通鞋带替换成伞绳。万一遇到的罪犯非常善于打结，那这种方法就是一种很棒的备用方案。这个技能花费的时间较长——三十到五十秒，所以等你被单独扔进房间后再使用。在长伞绳两端各结一个圈，将其从你双手之间的绳索的中央位置穿过（和束线带逃生法一样）。两个圈分别垂在绳索的两边。把脚伸进圈中，仰躺下，双脚做蹬自行车的动作，直至绳索打开。

★ 如何摆脱手铐

如你所知，手铐现如今已不再是罪犯青睐的束缚人质的工具，但不管怎样，懂得如何摆脱总是好的，有备无患。你会对方法的简单程度感到震惊。你真正需要的只是两个很便宜的物件。如果你有妻子或女儿，那这两样东西可能已经存在于你家里的某个地方了——弯曲发卡和条状发卡。

★ 方法 1：弯曲发卡

我总是随身携带弯曲发卡的原因就在于此。这种便宜又常见的弯曲发卡很容易改造成在几秒钟内打开手铐的工具。如果是出国旅行，我强烈推荐在口袋中放一个已经改造好的这种工具。

步骤 1：工具

有一套钳子的话会更简便，能将发卡精准地改造成我们想要的样子。用钳子将发卡拉开成一条直线。发卡的一端本身就是平滑的，另一端则有锯齿纹。将发卡平滑一端的小装饰点去掉（可以用钳子夹掉，也可以剥掉）。将平滑的这端稍稍向上弯曲。我指的是大约四分之一英寸长，弯成约 45 度的角。基本就等于是做了个小铲子。

步骤 2：摆脱手铐

为了使用这些方法，我要求你用右手。把手握起来，这样铐环的锯齿面（这部分在手铐锁闭时是被扣在里面的）就垂落在底部。你只需要考虑手铐上的锁孔就足够。锁孔是一个小圆圈，右侧延伸出一道小槽。将你做成的小铲插入锁孔的小槽部分（不要插入锁孔的圆圈部分，只插入小槽），让发卡嵌入小槽中，直至你感觉碰到金属物。一旦触碰到金属物，就将发卡向下拉，然后向右。很重要的一点是，注意这是两个不同的动作。一旦发卡插到位了，首先向下拉，接着向右……不要尝试以一定的角度拉动，那样是打不开的。

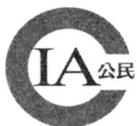

故障排除

为了练习，要明白把发卡弯折出小的角度是完全能做到的。只需要将末端向上弯折成小小的角，再试一次。

一定是先向下拉，再向右拉，这样就会顺利又轻松。该过程完全不需要耗费太大力气。

★ 方法 2：条状发卡制作的垫片

步骤 1：工具

你需要的是基本款式的条状发卡，啪的一声就能扣上的那种。这个工具也需要你提前制作。最终的目标是将发卡改造成一个垫片，能用来阻挡手铐锯齿部位，不让它们锁住。首先要做的是将发卡从中段折断。只要向上弯折，就能轻松折断。接着你需要折断发卡顶部较大的圆形部分。可以用钳子钳住该部分来回弯折，直至断裂。现在你就有了两个薄薄的金属片，它们的一端贴在一起，形成一个 V 字形。V 字形的开口处可能有些弯曲，所以用钳子将它们拉直。发卡的末端要尽可能直。

步骤 2：插入垫片

在这种方法中，你只需要对付手铐中锯齿部位插进铐环的那部分。拿出改装成垫片的发卡，插入锯齿嵌入铐环的那部分空间。将垫片按在锯齿上，接着迅速一直推到底。往锯齿上按一开始会给你推动垫片的冲劲。一旦垫片推到无法再推的地步，就在那里停住，接下来手就可以提出铐环（垫片挡住了锯齿，所以无法扣紧，铐环因此也就打开了）。登录spysecretsbook.com，观看使用弯曲发卡和条状发卡摆脱手铐的演示视频。

★ 关于后备厢的挑战

我在特工逃生与躲避课程中，教过的最具挑战性也最刺激的一个练习是后备厢挑战。掌握摆脱手铐的技能后，学生们将新学会的这项技能发挥到另一个层面。我们依次实践了在双手被铐、头被蒙住的情况下，如何从锁闭的汽车后备厢中逃生。听起来会很难，但因为学生们很清楚该怎样做，所以都做到了，有的甚至仅需几秒钟，而绝大多数人都在不到两分钟内逃脱出来。

如果你想冒个险，再现我们课堂上后备厢挑战的内容，有两点信息你该了解。首先，别着急，慢慢行动。汽车后备厢狭小幽闭，置身其中，会让人的血压飙升，而且感觉不得不加快动作。不要这样。别着急，慢慢来。如果弄丢了弯曲发卡或垫片，在黑暗之中要找起来才是真的困难。还要记住的一点是，所有新型轿车中都有能在黑暗中发亮的应急释放拉杆。找到拉杆应该不会太费力。但如果你是被关在一辆没有应急释放拉杆的老式轿车中呢？如果此事发生在你身上，不要惊慌。后备厢的锁不会太牢固。四肢着地，用后背去撞厢壁——它很可能会弹开，不过这也分车型。其他选择？踢开后座。如果你准备挑战这个方法，一定要确保上述逃生技能都已尝试过——而且还要有朋友协助，一旦遇到什么问题，他就可以拉你出来。

★ 你被绑架了——现在该怎么办

你绝对应该尽一切力量击退潜在的绑架者。现在不是抱怨的时候，而是要去踢、去撞、去尖叫、去利用武器。加利福尼亚州雷丁市的杰西卡•加纳正在街上行走时，一名男子向她示意，要她来看看自己那辆福特探路者轿车中出售的物品。加纳径直走开，男子却一把抓住她的衬衫，想把她拖进车中。加纳向男子连续踢打，因此得以逃脱。男子只得驾车逃走。一位反应敏捷的少年遭到绑架，之后还被强迫驾车将一名女性从新泽西州送到费城，路上他故意撞上警车。少年因此得以告诉警察事情的原委，绑架犯被当场抓获。但不是所有人都能如此幸运。卡利莎•弗里兰-盖瑟参加完教子的派对于步行回家途中遭到绑架。监控录像显示，一名男子将车停在路边，伺机靠近弗里兰-盖瑟，然后将她拖过街道。有那么一刻，弗里兰-盖瑟试图将袭击者推出轿车，但最终还是被迫上了车。

如果无法摆脱绑架者，你需要知道的是，被绑架后的前二十四小时至关重要。这也是电影里表现正确的少数情节之一。绑架犯一旦劫持成功，他们很可能将你转移。有可能将你转移到安全的房间中，甚至转移好几次，这样搜寻起来就更难。无论需要付出怎样的代价，一定要在前二十四小时内逃生。除了转移的地理位置还不太远之外，这段遭受折磨的时间，你的体力也最强。换句话说，你的肚子还是饱的，体内水分也充足。然而，如果挨过三个星期，你的体力会大大减弱，逃生也变得更艰难，因为劫持者不可能让你吃得很好，因此你不可能保持充沛的体力。

一旦局势明朗，你还无法击退袭击者，那就需要表现得顺从些。不要直视绑架者，态度要顺服。但是，表现得顺从和胆怯，并不意味着你就得放弃——这不过是演戏。之所以需要表现得顺服，是因为你不能让绑架犯认为需要对你实施额外的安全措施。如果他们用胶带绑住了你，而你叫得声嘶力竭，他们会觉得你难搞，想把你锁进后备厢，这不是你想要的结果。表现出顺从的同时，你也应该尽可能仔细思考该怎样逃生。要寻找安保上能让你逃脱的疏漏之处。因此，一旦看到机会到来，劫持者不在旁边，就逃吧。

★ 你内心的特工精神：撬锁，翻栅栏，短路点火发动汽车

只是为了练习，就跳过带刺的铁丝网栅栏，我不推荐，但是如果在真正需要逃生和躲避的境况下遇到这种情况，还是应该知道如何应对。我当然不建议你使用短路点火去发动汽车，因为会违法（除非是你自己的车——即便这样，你也不要尝试，因为对汽车损伤非常大）。不过我支持你了解

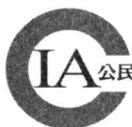

其做法，这样一来，一旦短路点火发动汽车，然后驾车逃离是唯一救命方法时，你就能胸有成竹。

★ 带刺铁丝网

需要的工具：在翻越栅栏时，需要有一块厚重平整的东西，用来覆盖带刺的铁丝网。紧要关头，你需要的是一条厚毯子、一张床垫或者一块超大的硬纸板。

该怎样做：你可能觉得翻越带刺铁丝网时需要万分小心，但其实没那么难。你可以利用找到的任何东西遮住刺网，然后翻越那个遮盖面。

★ 刀片铁丝网

刀片铁丝网的设计目的就是要让你严重受伤。如果试图翻越刀片铁丝网，你就很有可能被严重割伤，进而血流不止，直至死去——至少逃不出太远。最近，在墨西哥的一段边境上，一名男子在试图越境偷渡到美国之时，被困在刀片铁丝网中。紧急救助队员花了近一个小时的时间才切开栅栏将他救出。单是在一年之内，需要从刀片铁丝网上营救的人就有二十一个。除非有绝对的必要，你才应尝试，而且要极其小心。

需要的工具：一组人、一根拐杖或其他类型的弯棍，一片和翻越带刺铁丝网时一样的平整的东西。

该怎样做：队伍中派两名队员拿出拐杖或其他长工具，钩住刀片铁丝网，将刀片铁丝圈拉倒，直至变平。在这两名队员保持刀片铁丝圈拉平的同时，另派两名队员用平整的工具将其盖住，然后翻越。等第一批队员翻越过去之后，轮到他们利用拐杖或长工具钩平铁丝网，帮助其余队员翻越。

★ 怎样用短路点火法发动汽车

我真心希望，所有人都不要碰到如此混乱和绝望的情况——短路点火发动汽车成为唯一的逃生方法。在继续讲解之前，有一件事我需要先讲明白。不要在自己的汽车上练习这种技巧，也不要出于此目的在别人的车上练习。这会致使汽车严重受损。我确实听说过一个例子，这个人实在是只有这一个办法可用。他当时是在游泳，在一个非常偏僻的水潭之中。你猜怎么着？他的车钥匙放在短裤里，丢在了水潭中。幸运的是，他开的是款老车，车上也有工具。于是能够按照这些技巧，短路点火启动汽车，然后驾车回了家。这位朋友的情况显然棘手，但是不要忘了，这么做真的会把车毁得乱七八糟。

★ 合适的汽车

在我们具体展开之前，我想花几分钟谈谈怎样挑选一辆可以在极端危急情况下短路点火启动的汽车。首先，看看周围，找找有没有没锁门的车或者是钥匙就扔在车座椅上的。最幸运的是找到一辆没锁的拖车。为什么？拖车有一套万能钥匙，凭借这套钥匙，基本上能让你进入周围所有的轿车。如果一眼望去周围没有拖车，也找不到没锁门的车，接下来最好的选择就是找辆老款车——我指的是 1999 年及之前生产的车型。

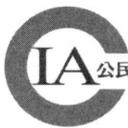

实际上，老款车到处都是。只要开始留意，人们往往会大感惊讶，周围竟然还有这么多老款车。在路上驾驶的时候特别留意，我保证你会发现它们无处不在。

需要的工具：

钢丝钳和剥线钳

钳子

一字螺丝刀

锤子

绝缘手套

汽车

绝缘胶带

该怎样做：过程相当简单，但我推荐放一套具体说明在车里，或者放在笔记本电脑包和手提袋里，以防危急情况。因为这个技巧无法练习，而且在危急时刻你很有可能会完全不记得。

1. 找到可以短路点火启动的车后，将一字螺丝刀像插钥匙一样插进点火装置。用锤子将螺丝刀往里锤。转动螺丝刀，就像转钥匙一样。如果转不动，就用钳子帮忙。运气好的话，到这里就能发动汽车了。

2. 用螺丝刀起开驾驶杆上下塑料板上的螺丝。挪开塑料板，你会看见驾驶杆下有几根电线。

3. 找到两根红线圈。它们就是汽车的供电线圈。

4. 戴上绝缘手套。

5. 割开两根红线的末端，然后用剥线钳剥开绝缘皮。将两根红线末端拧在一起。（是你割开的两根红线一根一边。不要把同一根线的两端拧在一起，而是不同的两根线。）

6. 找到棕色线圈。这些线负责连接打火器。有些车只有一根棕线，有些有两根。

7. 将两根棕线都割开，从尾端剥开。

8. **如果有两根棕线：**将两根棕线搭在一起，启动汽车。车打燃后，不要让线圈再接触，必须分开放置。可以用绝缘胶带缠起来，避免碰触。这样也能避免你触电。

如果只有一根棕线：将棕线搭在两根红线上，打燃汽车。车启动后，将线圈各自分开，用胶带缠住棕线的末端。

★ 打破车窗

如果需要打破车窗逃生，而且不被人察觉，那么布基胶带能派上大用场。多扯些胶带，在车窗上贴成“X”形。这样能防止玻璃溅得到处都是，且能降低噪音。另外，使用战术防身笔或其他工具砸破车窗时，要击打的是玻璃角落。那里是玻璃最紧绷的地方，也最容易击碎。如果是击打车窗正中，而工具又不够结实，那么就会被弹开。

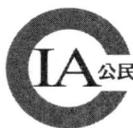

★ 撬锁

绝对别说什么不该撬任何人的锁，除非是别人请你撬。其实，每次都是邻居请我去撬锁。如果有人被锁在门外，我就是他们会找的人。开锁工具套装价格不贵，用起来也有意思，如果遵照下面的说明做，你就会成为邻居们在丢了钥匙时要找的人。继续讲解之前，你可以登录 safehomegear.com 查看我所使用的信用卡大小的开锁工具。此外，我还经常说，如果你花费五或十分钟来练习，那么锁并不会受损。不过，如果你练了几百次，那么锁肯定会坏。换句话说，偶尔用工具撬撬前门上的锁并不会有什么大碍。可是如果你每天拿锁练习两小时，那你就得换锁了。

★ 你的锁有多安全

在我们实际开始撬锁之前，我想聊聊家里装把安全性较高的锁的重要性。不久前我在盐湖城地区，当时决定去我兄弟的新家拜访。他不在家，但这不是问题。几秒钟的工夫，我就进了他家，自顾自地吃起他的零食。我兄弟家的锁，就和绝大多数美国人家里的一样，开起来简单得令人难以置信。75% 的门锁都是凯特安（Kwikset）公司生产的，以我的经验，那些锁只要用简单的工具就能轻易打开。如果你家安装的是凯特安的锁，随便一个罪犯就能毫无障碍地撬开。无论哪里的建筑承包商都使用它们的锁，因为好找（在任何一家大卖场、供货商店都能买到），当然了，价格也不贵。如果你家用的是凯特安的锁，我强烈建议你换一个。开支并不大，却能让家人更安全。我个人喜欢用的两个品牌是西勒奇（Schlage）和美迪高（Medeco）。

★ L 形耙子和扭力扳手

开锁需要的全部工具就是一个 L 形耙子和一把扭力扳手。我的信用卡开锁工具套装中总是随时携带这两样东西。开锁最难的地方在于，使用扭力扳手时找到正确的压力力度。如果施力过大，锁就会觉得像是受到了侵犯，拒绝打开。要施加最小的力度。基本来说，每次你觉得力度合适了，都只能施加其十分之一的力度。所以，当你在按照下列步骤插入扭力扳手之时，要记住这一点。练习越多，你就能越快辨别你所使用的技巧是否合适。

步骤 1：插入扭力扳手

再说一次，将扭力扳手插入锁底时，力道要非常轻。把扳手的长柄松在一边。将手指放在扭力扳手上，一定要将力度减到最小。

步骤 2：插入 L 形耙子

注意：在撬锁的整个过程中，扭力扳手上的施力力度必须保持一致。如果力道增加，就不会成功。

将 L 形耙子插进锁中，脊部朝上。在来回刮耙子的同时，也稍稍向耙顶施力。把 L 形耙子想象成牙刷，你是在给锁刷牙……就用那样的动作在锁中进出。

步骤 3：找到第五根销

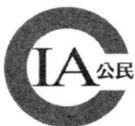

注意：当你哄住了锁，让它相信五根锁销全都操纵得宜之时，锁就成功撬开了。很常见的情况是，头四根锁销只用几秒就打开了，接着需要改

变行动，找到第五根。

为了找到第五根锁销，要改变L形耙子的使用方法。现在改为将耙子上下猛拉，一定要确保仍旧是将锁前后探到底。当碰到第五根锁销时，你会感觉到扭力扳手的压力，接着锁就开了。

参加我课程的有些人很快就能掌握，但有些则要花费更长时间。开锁并不难，但需要练习。一旦找准感觉，懂得该如何操控工具触碰到所有的锁销，那么只需几秒钟锁就能打开。这项技能的好处在于，不仅可以用来开门锁，还能开挂锁甚至档案柜。（雷切尔·雷曾邀请我上她的个人秀展示撬开档案柜的技能，我用了不到三十秒就大功告成。想观看撬锁演示视频，请登录spysecretsbook.com网站。）

90秒抵达安全

CIA

公民安全手册

5

谁在门外

如何防范入室侵害行为

听到那声音的时候，大约是凌晨3点。那响声足够大，妻子也被吵醒了。我们俩的防范心都没停转，但我知道必须立刻辨别是否有人闯入。我开始运行那套虽然简单却掌握得很娴熟的家庭防卫方案。我从床头柜抓过手电筒，打开保险柜抓起枪，接着走到楼梯口。这一切只花费不到七秒钟。

任何响声都听不到，我警告对方滚出我家，然后走下楼梯，清查房屋四处。事实证明，根本不是闯入者。是一个充气床垫从架子上倒了下来，发出砰的一声巨响。那晚我家里一切安好——不幸的是，许多美国家庭没能和我们一样幸运。

入室侵害可能发生在任何地方，任何人家。在纽约市郊新泽西州的米尔本，一名男子闯入一户人家，残暴地殴打一个拥有两个孩子的母亲长达十分钟。因为安装有保姆摄像头，此次袭击案被记录下来。事后发现，犯罪嫌疑人有暴力史，之前曾作案十二起。在纽约斯塔滕岛，六十七岁的彼得·贾路西在一次家庭聚会后返回家中，毫不知情的情况下在车库遇见窃贼。彼得遇刺身亡，他的妻子也严重受伤。

入室侵害犯罪率日益上升。许多人在听到新闻报道入室侵害案时，会想“这不会发生在我身上”。但是下列来自联邦调查局的统计数据，你应该注意：

有五分之一的家庭会成为非法入侵或入室侵害案的受害者。

85% 的盗贼在入室侵害之前会先侦查情况。

50% 的盗贼在入室侵害之前会伪装成服务人员（如联邦快递、UPS 的送货员等）。

94% 的盗贼在入室侵害之时正处于嗑药的兴奋状态。

30% 的暴力袭击发生在入室侵害案中。

60% 的强奸发生在入室侵害案中。

33% 的盗贼是通过未关的大门或窗户闯入。

盗贼也分两类。白天作案的盗贼属专业级。这些家伙事先已经侦查清楚你家的情况。他知道你什么时候不在家，会趁你上班时破门而入。直到你检查钻石手镯或笔记本电脑之时，才知道家里遭过贼了。我当然不希望你遭遇白天作案的盗贼，但要知道，夜贼更令人担忧。这是因为，夜晚行窃的家伙都很危险，他极有可能是嗑药嗑到兴奋，或者精神有问题，不会在乎你在不在家。事实上，他可能还希望你在家。如果你在，你就能告诉他其他现金放在哪里或者该怎么打开保险柜。这些家伙冷酷无情，不要让他们靠近你和家人一分一毫。

★ 像罪犯一样思考

这一切听起来可能都极为恐怖，但也有一些好消息。将自身置于罪犯的立场上去思考，很容易就能弄清楚我们的家园是否对他们有吸引力。只需要做些简单且不贵的改变，就能引导罪犯完全跳过你家。

★ 策略一：侦查周边街区

★ 如何通过愉快的家庭散步来阻止入室侵害

第一条策略实际上很简单，就是在家周围的街上兜一圈，但此行的观察却能够阻止盗贼破门而入。观察街区其他住房，你发现了什么？将自己置于罪犯的立场去思考。哪座房子是你想抢劫的？哪座房子看起来有人居住——看上去这会儿就有人在家的样子？哪座房子散发着主人不在家的信号？找一找那样的信号，也就是盗贼来辨别是否有人在家的信号。观察报纸、邮件或者其他任何文件的递送情况。人行道上堆了一堆报纸？邮件都要塞爆邮箱了？草坪长势如何？没有修剪和精心打理吗？谁家开着车库门（稍后进一步解释）？这些都是对盗贼发出的邀请——它们都表明，这座房子无人居住。车库收拾完后把垃圾桶收进去，这一点尤为重要。盗贼很容易辨别垃圾回收日是几时，然后过几天再观察，如果谁家的垃圾桶还在外面，那就意味着这家主人可能出门了。你想要住宅投射出安全的印象，观察有谁检查过这些特别事项，这是将你家打造成街区最安全住所的第一步。

★ 你在等快递包裹吗

在纽约市一个僻静的街区，一名三十四岁的男子为联邦快递的送货员开了门。打开门后，男子被人用枪打在脸上，三名全副武装的盗贼抢劫了他家。两千美元现金、一部 iPhone 手机和一些首饰遭窃。在马里兰州鲍伊市，理查德·皮克斯在家中打理庭院时，一名身穿联邦快递制服的人拿着一个箱子朝他走来。这名“联邦快递送货员”想向皮克斯讨杯水喝，没等皮克斯反应过来，那人就掏出了枪。在密苏里州圣路易斯市，一名女子在与伪装的 UPS 司机对峙后幸运地活了下来。该司机伪装成 UPS 送货员，告诉柏尼斯·库克说有她的包裹。男子拿着一个纸箱和一个笔记板，强行闯入柏尼斯的家中，用胶带绑住她的双手和手腕。接着，男子用胶带缠住煤气灶把手，索要现金和珠宝。

签收快递时要小心，这一点至关重要。如果没有约定事项，就不要应门。如果想确认快递员的身份，就亲自拨打快递公司的电话，查询是否有你的包裹。当然，如果感觉到危险，应该立即报警……不过，不要因为某人穿着制服或声称为某公司工作，就轻易相信。

如果没有约定事项，就不要应门。

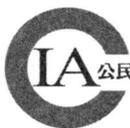

★ 该留心的不止是快递员

许多人回家时都发现过UPS或联邦快递的通知单，说有你的包裹。下次遇到这种情况，立即撕掉通知单，然后确认是否真有包裹。一般来说，对于贴在你家门上和窗户上的一切东西都要提高警惕。家住皇后区新鲜草原的彼得·哈特很幸运，他注意到家中窗户上贴有一片黑色绝缘胶布。他在接受纽约哥伦比亚广播公司（CBS New York）的采访时说："一开始我的反应是，这鬼东西到底是什么？"随后他意识到，"这可能是某些人对房子做的标记。"胶布就和联邦快递通知单一样，可以用作盗贼一直在侦查的住宅的标记。如果几天后胶布还在原位，他们会推断家里没人，接着就会按计划入室行窃。在爱尔兰，犯罪团伙将这种方法运用到了一个新的高度。都柏林和利默里克的住宅之外开始出现粉笔标记。事实证明，这些符号是侦查团伙用来向盗贼传递信息用的。他们有各种各样的符号，传达的信息包括"好目标""太危险""无甚可偷""有钱人""有警报器""已偷"，甚至包括令人更加不安的"紧张害怕"和"脆弱女性，容易骗"。留心住宅出现的所有文件、传单以及罕见标记，这一点对于保证自己和家人的安全来说至关重要。

★ 策略二：侦查自家住宅

我们多数人在打理住宅上所花的时间，可能都比想象中长得多。我们希望自家住宅看起来有魅力、吸引人。我们修剪草坪、种植花卉，以庭院风景为傲。然而，我们的辛勤劳动会吸引到什么可能完全超乎预料。犯罪分子也在打量我们的住宅——精心算计着闯入的难易程度，自说自话地估算着我们的价值。不幸的是，我们为了让家园更迷人所付出的劳动中，有一些也是在告诉犯罪分子“快进来，随便拿”。因此重要的是不仅要侦查街区环境，也要侦查自家，就像犯罪分子会做的那样，看看家里有哪些地方是薄弱环节，容易遭到犯罪分子袭击。

把住宅周边转个遍。注意所有罪犯可能藏身的地点，包括所有长得过于茂盛的灌木丛。要确保如果院子里有人，自己和邻居都能一览无余。

还要注意那些透露出你家里装满了值钱东西的信号。车道上停着一辆价格不菲的轿车吗？因为忘了关百叶窗，从前院一眼就能看见屋内的超大平板电视吗？我不是说要你把家里弄得破旧不堪，也不是说有香车不能享受。我要说的是，你还是要保持谨慎，不要把财富秀给潜在的罪犯看。他们对你的财产所知越少，就越安全。

★ 为安全而清理

前院中有儿童踏板车或自行车看上去可能充满童趣，但重要的是，这些物品最好小心收好，天黑时锁起来。踏板车是砸破窗户的完美工具。其他工具或能被用作抛射物的物件也一样。所有的园艺工具，铲子和其他器具都应该收起来，安全锁好。

★ 策略三：夜间侦查住宅

白天侦查自家住宅能收获良多，夜间重复这一过程也很重要。绕行住宅周边，思考如果自己是罪犯会藏身何处。如果有人躲在你放垃圾桶的区域之后，你能发现吗？是不是太黑而难以分辨？注意黑暗处就是罪犯能藏身的地方，尤其是前门附近。留意照明。住宅周边灯光够亮吗？如果有入侵者靠近，你能看见吗？注意薄弱区域。稍后我们讨论用物理和心理花招让罪犯远离时，我会解决这些问题。

★ 不要忘记车库

如果锁好了车库门，发生在印第安纳波利斯的一起暴力抢劫原本是可以避免的。早晨约 7 点 30 分，四名男子强行闯入一户住宅，威胁男主人和他的妻子、女儿。他们抢走了手机、现金和汽车钥匙。抢劫演变成暴力事件，女主人的大腿被枪击中。事实证明，是这家人忘了关车库门，为犯罪分子留下了方便入口。注意锁好住宅通往车库的门，就和锁好前门一样。

车库门很容易忘记锁。我们会敞开着门让孩子推自行车和踏板车，或者方便把垃圾拖到路边。大多数人都会忘记这一点，进入车库就意味着进入了房子。另外，也很重要的是，将车库遮住。不要让罪犯知道车库中是否有值钱的东西，或者看见里面是否有车。没有车就意味着家里没人。

还要找到车库门遥控开关的安全存储位置。我知道留在车里很方便，但当你不在车上的时候，还把遥控开关留在车里，这种做法请三思。罪犯知道，多数人都会把它留在车里。如果想进入房屋，他们需要做的就是砸破车窗玻璃，拿出车库遥控开关。为确保发出的响声不被你听见，他们只需要在车窗上贴上布基胶带，降低玻璃爆破的声音。最后，如果要出门一段时间，要给车库挂上挂锁。显然，你不会每天费心这么做，但如果出门度假，这项额外的安全措施值得尝试。

★ 心理和物理花招

除了运动探测灯、门闩、警报系统等物理安全措施之外，物理和心理花招的强强联合也能保证住宅安全。这些花招简单且便宜，会让盗贼对抢劫你家产生犹豫。

★ 住宅安全标志

正如前面所说，拥有实际的安全系统很棒，但不管有没有，仅是标志就足以发挥强大的威慑力。这听起来可能很愚蠢，但是如果让盗贼以为你家里可能有警报系统，他们可能就会转向下一家完全没有任何标志的住宅。因此你家的院子中需要一个标志。安全标志一般需要约两英尺高，竖在柱子上。将标志放在前院一个敞亮的位置。还需要将安全贴纸贴在尽可能多的窗户上。我建议靠近门口的所有窗户都贴上，包括地下室窗户。滑动玻璃门也应该贴上安全贴纸。

★ 看不见的狗

如果你家有狗，那很棒。狗绝对为家里增添了另一层防护。无论你实际上是否养了狗，都可以购买很大的狗碗放在靠近前后门的位置。这是我能提供给你的最简单也最有效的家庭安全措施。狗很吵，盗贼不会想和狗周旋。如果他们以为你可能养了狗，他们会跳过你家房子，寻找更容易抢劫的目标。

★ 我被拍下了吗

盗贼不想犯罪过程被拍摄下来。装有安全摄像头是很好，但可以理解这项开支也许不在你的预算之内。有个很好的备用品，那就是假摄像头。假的也会有效，原因在于它也有电池带动的红色闪烁灯，看上去就和真家伙一模一样，如果罪犯看见闪烁灯，就不会浪费时间再去思考摄像头是否正品。他们会在留下切实犯罪证据之前就离开。

我有位客户决定安装假安全摄像头。其结果是，在他安上之后不久，邻居家就被盗了。遭窃后，邻居过来问他是否能调取摄像头拍到的画面，这样就能看清是谁闯入他的房屋，然后可将证据交给警方。我的客户尴尬地停顿了一会儿，才向邻居承认，他安装的其实是假货。情况很有可能是，盗贼看到他家安装的摄像头还有闪烁灯，于是跳过他家，选择了较安全的隔壁家。

★ 窥视孔：你需要知道谁在门外

我希望不用我告诉你，为什么说不知对方是谁就应门是个坏主意。老实说，我不会给任何人应门。不值得这么做。我们不往家里寄任何东西（甚至包括比萨饼），我家邮件是投递到邮箱的，所以很少会有我没想到的人来按门铃。常见的传统窥视孔绝对有用，因为能看见门外发生的事。当然，你必须非常靠近门才能使用，但你又不想被人破门而入。如果在门上安装更大的窥视孔，那么从十英尺远的地方就能看清谁在门外，甚至不用靠近门。只要记住，如果没有窥视孔，那么在开门之前，你可以通过窗户来看清门外是谁。

★ 不能放任不管

我坚定地认为，不知道门外是谁的时候，永远不能开门，另外也很重要的是，不能就这么放任不管。罪犯会经常按门铃来确定家里是否有人。如果有人，他们可能会问你家里是否有活儿要做（你没有）。我一个朋友刚搬到新泽西州不久，就听到前门有人不停地敲门。她不知道是谁在敲，但凭直觉，她觉得事情不对劲。她叫了警察，但与此同时敲门声更大了。她冲着门大喊：“你想要干什么？”那人回答：“哦，这座房子是要出售吗？”朋友回答说不是，那人就跑了。

科罗拉多州斯普林斯市两名男子因涉嫌系列白天盗窃案而被捕。据称他们会先敲门、按门铃，发现无人应答后就强行闯入。在印第安纳州格林伍德，居民被提醒不要漠视敲门声。一位妇女在家中听到前门有人敲门，她没有理会，但随后听到厨房也有敲门声。接着有人试图从前门闯入，用肩膀撞门撞了好几次。这位妇女拨打了 911，盗贼见状便逃走了。

★ 如有必要，怎样应门

正如我说过的，我从不应门，除非是在等朋友或家人。如果不是你在等的人敲门，只需要隔着门和他说话，问清他的目的。大多数前门都不隔音，所以其实不用开门也能说话。

★ 安全门

装有窥视孔，准备好行动方案，以备有人敲门而你又不知道对方是谁的情况，这样做很重要的原因也就在于此。70% 的入室抢劫是从前门突破。

对于绝大多数美国人来说，他们和罪犯之间的距离就只有四分之三英尺厚的门板和门闩。

70%的入室抢劫是从前门突破。

家住菲尼克斯的五十九岁的恩里克·蒙特斯家里发生了这样恐怖的一幕。凌晨0点30分的时候，几个武装分子踢开房门强行闯入。最先进门的人用枪指着蒙特斯。他试图把枪推开，于是两人发生搏斗。打斗一直持续到卧室、走廊和厨房。第二名闯入者佩有来复枪，他控制住其他人质。搏斗最终悲惨收场，蒙特斯胸部中弹身亡。

最近一位妇女为躲避入室行凶躲上屋顶的恐怖画面登上新闻头条。梅洛拉·里韦拉意识到家里有人闯入，于是从二楼窗户爬上屋顶躲避。照片显示，这名年轻妇女身穿睡衣蹲在屋檐下，而闯入者则砸破窗户寻找她。事实真相是，一名精神有问题的流浪汉砸破前门的面板窗口，然后伸手打开了房门。幸运的是，梅洛拉在逃到屋顶之前拨打了911。上述两个故事都说明，安装安全门是让潜在闯入者远离的重要方法。

★ 三十秒之内能撬开门锁的不止我一个

到目前为止，我绝大多数邻居都知道我的背景。我之前说过，这意味着当被锁在门外时，他们一般会请我帮忙开锁。我很擅长这个，做起来很容易。但是猜猜看怎么着？我不是唯一会撬锁的人啊，犯罪分子也会。有一个很简单的方法，能加大此事的难度——让他们一看到门锁，就跳过你家。换掉门锁。记住，你的新家或公寓楼中安装的都是凯特安的锁，很容易被撬开。就像上一章中你学过的，只要稍加练习，你就能撬开这些锁，速度几乎和用钥匙开门一样快。花钱买把安全牢靠的锁吧，如西勒奇或美迪高生产的产品。

★ 车道警报

如果住在一条很长的乡村车道尽头，或者你的房屋相当避世，车道警报或许是很值得考虑的安全防范工具。这听起来很疯狂，但盗贼经常会把车停在你的车道上。他们想在逃跑时迅速上车。家住佛罗里达州奥兰治帕克的拉蒙娜·科里根有一天接到邻居的警报电话。邻居打电话告诉她有盗贼正试图闯入她家。邻居防范意识很强，一看到有卡车停在科里根的车道上就拨打了 911，然后注意到驾驶卡车的人进了房子。最后，盗贼盗走了首饰、现金、一支左轮手枪以及科里根父亲的军功章。当然，我不是要你每次看到有人用你家车道掉头都报警。但是如果你家位置偏僻，车道警报器就是个很棒的工具。我还要特别强调，如果回家时看见有陌生车辆停在车道上，不要进门。报警，不要进门，直到完全确认安全。

★ 街区最安全的住宅：今天就能采取的安全行动

现在你已经侦查过自家住宅（白天黑夜都进行过）和街区情况，可以开始施行一些物理措施，帮助你家远离罪犯侵扰。

★ 视线

要尽可能提高整个庭院的可见度。其中应该没有任何可供藏身之处。树木和树篱最高应该修剪到二至三英尺。可考虑剪枝，让罪犯无法通过树枝爬上二楼或阁楼。

★ 灯光

在家周围安装触发式感应灯。称明亮的光线会帮助盗贼行动是胡说。他们不想被你发现，明亮的灯光会阻止他们入室行窃。要确保你所安装的所有电灯都是防干扰的。

★ 加固窗户

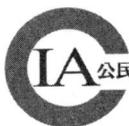

绝大多数盗贼都是通过门口或打开的窗户进入房屋的。养成习惯，经常检查关着的窗户是否锁好。不要臆测家人关了窗户就记得上了锁。窗帘在夜间，任何人都应无法看见屋内情形。

是关键。在夜间，任何人都应无法看见屋内情形。你也不想盗贼能直接从窗口就看见屋内是否有人。在窗下铺上景观砾石，让盗贼无法悄无声息地靠近你家。嘎吱嘎吱的脚步声会提醒你，外面可能有人。一位参加过我的特工逃生与躲避课程的名叫塔拉·尼克尔的女学员，在童年时期因为窗户没关而备受摧残。六岁那年，她因卧室窗户未关而遭到绑架。塔拉所记得的就是，醒来后躺在医院，周围都是毛绒玩具。绑架犯割开了她的喉咙，把她扔在路边等死。塔拉何其幸运！几年之后真相大白，绑架她的人之前已绑架过其他七名儿童。最后一名被绑架的儿童惨遭杀害。

★ 格外提高警惕

狗门很危险，不值得贪图这点方便。罪犯很容易从狗门中钻进你家。

安装安全的空调机组。罪犯能很快突破窗口式空调机组，立刻进入你家。

栅栏保护不了你。栅栏方便保护宠物和儿童安全，然而也容易打开，而且爬起来不费时间。除非你的栅栏有三十英尺高，不然是无法保证你和家人安全的。

★ 有闯入者——现在该怎么办

相信我，你不能等到真的怀疑家里有人闯入时，才考虑对策。你不能等到听到玻璃碎裂声时才去想怎么保护家人。制定牢靠的家庭防卫方案至关重要，花时间练习也同样不容忽视。让我来告诉你我的家庭防卫方案，你也许还记得我曾讲过，有一次我怀疑有人闯入时，该方案帮了大忙。如果我听到可疑声响或者我家警报系统响了：

我会怎样做

1. 我抓起手电筒，打开快开式保险柜，拿出枪。

2. 我跑到楼梯口，因为楼梯是我家的咽喉部位。如果罪犯想靠近我的妻子和孩子，就必须经过楼梯。

3. 我会警告闯入者，我已拨打 911，而且我有枪。

4. 如果罪犯蠢到想上楼袭击我和家人，我会采取必要的措施拦截。

我妻子会怎样做

1. 我妻子会拨打 911。

2. 接着她会趁我在楼梯口拦截咽喉部位之时，和孩子待在同一个房间。

★ 要简单

好的家庭防卫方案应该简单便捷。当有人闯入时，你会心跳加快——现在有研究表明，在压力状态下，人的智商会下降。强烈的感情，如恐惧、焦虑或愤怒（从技术层面上来说，喜悦也会）会刺激扁桃体，减弱前额叶皮层存储的记忆。因此，在强压力环境之下，人很容易招架不住。幸运的是，这只是暂时的，但重申一次，不要把家庭防卫方案设计得太过复杂，关键细节一旦遗忘就足以致命。你的家庭防卫方案应该包括以下三大基本策略：

手电筒和武器（我用的是枪，你也可以用刀、棒球棒或其他钝器）。

拨打 911 的家庭成员。

一个咽喉部位（防御位置），那里能帮你确定，还没有人从你身边经过。

★ 我的家庭防卫床头柜

没有比在自家遭遇暴力侵犯更糟的了。现在我的床头柜上有几样东西，一旦有人试图闯入，它们就能帮我阻止。床头柜没有什么特别之处，不过二十四乘十八英寸大小。柜面上放着 Gunvault 公司生产的 MV500-STD Microvault 枪支保险箱。里面放的是一支 Sig

Sauer P226 手枪，附带有 Viridian 公司生产的激光 / 强光组合，型号为 C5L。保险箱里还会放一本备用的杂志。床头柜上还会放一部专用的预付费手机。这部手机一直放在那里，这样我至少有一部手机可供紧急呼叫。如果再把常用的手机放上去，我就多一个备用的。无论何时，都应该有一把能用的手电筒。我刚好有四把（我真的很喜欢手电筒，不知你是否注意到）。它们分别是神火（Surefire）的 6PX Pro、纳丽德（NexTorch）的 TAI、欧莱特（Olight）的 T10，以及我自己的特工手电筒。以我的经验，这些手电筒都运行良好。这只是一个简单的配备，一旦半夜家里警报拉响，我必须迅速行动保护家人，它们就是我所需要的。

★ 家里何处能安全储存贵重物品

约有 95% 的罪犯会直接前往主卧。罪犯知道，主卧是最有可能放有现金和首饰的地方。因此，主卧绝对是保存这些物品的最差选择。关于把现金和贵重物品藏在家里的何处，应该发挥想象力。话虽如此，但在主卧中留个诱饵也不是坏主意。放一样首饰或者二十到五十美元的现金，会让盗贼觉得已经得手了。

★ 书籍和餐具室：自制解决方案

那么该把钱藏在哪里呢？不管你信不信，尽管听起来很老套，但内部掏空的书籍却是存放现金的好地方。我家里有许多书，盗贼不可能花时间一本一本翻开来找钱。你可以从网上买这种书，或者自己动手做一个，用剃须刀掏空几页就足够。另一个自制存钱处的花招是掏空的罐头。只需要拿把开罐器，打开一瓶蔬菜罐头的底部，这东西在你的餐具室或橱柜里有很多。别把罐底掀掉，打开即可。用叉子或黄油刀将底部撬开，把钱放进去。罐头表面看上去是没开过的样子，罪犯不会在餐具室里到处找可疑的罐头。

★ 我的配偶经常出差。独自在家时，我该怎么保证家人的安全呢

最简单的办法是安装警报系统。有些人没想过，白天在家时也可以使用警报系统。安全系统都有“停止”和“家庭模式”。这两种模式基本上就意味着动作检测器已经停止运行，所以你可以自由活动。但是如果有人破门或破窗而入，警报就会拉响。白天当你在家时，你立即就能知道是否有人强行闯入。

如果是独自在家（无论有没有孩子），一定要采取和平时一样的安保措施。确定门锁好，仔细检查所有的窗户都关上且锁好了。确定邮件和报纸都拿进门了，垃圾桶也没留在街上。

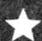

★ 防火保护

如果想为贵重物品进行防火处理，防火保险柜不贵，且很容易买到。这种保险柜大多都很小，适合储存文件、现金和首饰。虽然如此，但如果盗贼不管里面是什么，拿起保险柜就走，谁也没法阻止。如果做此选择，那就挑个能固定在地板上的保险柜，或者找个有创意的地方藏起来。你可以放在阁楼的箱子里，贴上“旧衣服”“书本”的标签。不管怎样，记住一点，不要把防火保险柜放在主卧。

如果有枪支保险箱，这也是存放贵重物品的好地方。但是，不要把枪支保险箱放在显眼处，例如前门边。枪支保险箱也要牢固地固定在地板上，这一点至关重要。

6

旅行安全

飞机、出租车和酒店安全

捷蓝航空公司的1416航班失去右引擎后，机舱开始浓烟滚滚，乘客甚至无法看清坐在身边的人。后来在美国有线电视新闻网的采访中，乘客乔纳森·哈伯德回忆道，当时他意识到“很快将遭遇呼吸困难”，但氧气罩没有垂落。乘务员于是四处行动，手动将其打开。飞机急转掉头返回机场。乘客们后来描述飞机颤抖得多么剧烈，人们哀声连连，都被当时的情况吓坏了。幸运的是，飞行员得以将飞机成功着陆，只造成四人受伤。一架从加利福尼亚州萨克拉门托市出发的西南航空公司航班遭遇襟翼故障，于是紧急迫降洛杉矶。美国航空公司前往达拉斯的一架航班起飞时发生爆胎，在空中盘旋两小时耗尽燃料，因此才能够紧急迫降。虽然有这样的事故发生，但飞机仍然是最安全的旅行方式。如果乘坐的是大型航空公司的航班，遭遇事故丧生的概率为四百七十万分之一。话虽如此，但还是需要防备除坠机以外的事故，例如紧急迫降（这种情况也足以致命）。虽然可能性极小，但乘坐飞机时如果发生紧急情况，有一些策略能提高你的逃生概率。

★ 九十秒抵达安全

我们都看过飞机坠毁后的恐怖画面。根据绝大多数人在新闻上看到的报道，很容易推断出，所有坠机事件的致死率都是一样的，无论如何你都不可能逃生。但实际上，大多数乘客并非死于坠机，而是死于事故后火灾所造成的烟雾吸入。2005 年，法国航空公司空中客车在多伦多冲出跑道。灾后火情相当严重，但三百零九名乘客全部生还。事故没有造成危及生命的伤害。在应急救援团队抵达事发现场之时，大多数乘客都已经通过撤离滑梯逃出机舱。美国联邦航空局要求，所有的飞机乘客都必须能够在九十秒内撤离。这短短的时间代表的正是你在因吸入烟雾或火灾丧生之前所拥有的逃生时间。

2012 年 12 月，仰光发生一起整机烧毁的坠机事件，只造成了两人死亡。事后，一名当时正在机上的德国记者描述称，她感到降落装置打开了，一切正常。但突然，人们都因恐惧而大声号哭起来。“几秒之后，机舱后部和舱外前部起火。舱内浓烟滚滚，我几乎无法呼吸，也看不见任何东西，我想恐怕要大祸临头了。”记者回忆说，事故发生得非常突然，在飞机着地和机舱起火之间只有不到三十秒时间。机舱乘务员打开了紧急出口。乘客全部逃生，飞机在三分钟内彻底烧毁。不幸的是，并非所有事故都有这样的较好的结局。

1991 年 2 月，全美航空公司的 737 航班和天巡航空公司的通勤机在洛杉矶国际机场相撞。不幸的是，通勤机上所有人员全部遇难。虽然 737 上大部分乘客在撞机中生还，但有二十二名乘客因火灾和烟雾丧生，据称其中有十七名乘客因浓烟窒息之时正赶往逃生出口。美国国家运输安全委员会调查团团长詹姆斯·伯内特在接受《人物》杂志采访时称："想不出近来还有哪次事故有这样的情况，这么多的人都已经从座位上起身了，却没能逃出。"当时情况一片混乱，人们在后部出口堵成一团，疯狂地想要逃生。出口旁挤了八九个人。此次悲剧受到当局的详细调查，而针对如何提高坠机和火灾情况下的生还率的改变一直在持续，我们可以采取一些策略，来增加坠机、紧急迫降和火灾等情况下的生还概率。

★ 不要呆立原地，行动起来

飞机发生紧急情况时，逃生时间只有九十秒，迅速行动起来显然至关重要。虽然难以置信，但在生死攸关时刻，人们常常会吓得无法动弹。这是正常化偏见导致麻烦的又一个例子。全美航空撞机事件发生时，德韦恩·伯内特二十七岁，在接受《人物》杂志采访时，他回忆称在准备逃生之时，他听到一位妇女高喊："帮帮我，我出不去。"她吓坏了，以致无法解开安全带。这种反应并不少见。

弗洛伊·奥尔森和丈夫保罗·赫克——一位退休中学教师——克服了正常化偏见，在史上最惨重的坠机灾难中得以生还。当时是1977年，两架747喷气式客机在加那利群岛相撞，582人丧生。灾难发生十年之后，奥尔森对《洛杉矶时报》重述了当时的经历。她认为自己得以生还，归功于丈夫的灵敏反应。“我当时吓坏了，如果不是我丈夫，我早就不在人世了。我听到一个女人喊着：‘我们被轰炸了！’我也是这么想的，我觉得自己死定了。我听到丈夫冲我喊：‘弗洛伊，快解开你的安全带。我们逃出去！’”奥尔森和赫克逃到机翼上，被迫从两层楼的高度跳下来才安全逃生。奥尔森撞到了头，昏迷了几分钟。她强迫自己，挣扎着，赶在飞机爆炸之前爬着离开了那里。奥尔森还告诉《洛杉矶时报》的记者，逃生时她丝毫没有恐惧。她回忆道：“我经常追问原因。我不害怕，但是我不知道为什么，因为我一向是个情绪激动的人……我只知道，我必须坚持前进。”没有人能预测自己在面临如此危机时会是何等感受，但在大火吞没整架飞机之前，只有九十秒，你必须激励自己和家人，尽快行动。

★ 抛开一切

毫无疑问，大脑在紧急时刻的反应会很奇怪——所以告诉自己，把一切私人物品都抛之脑后。在全美航空撞机事件发生之时，一名女士的钱包卡在出口处。她坚持要拿上，因为害怕丢掉信用卡。另一名乘客很后悔把小提琴留在了飞机上（小提琴后来奇迹般地被找到了，纤毫未损）。在仰光坠机事件中，德国记者想要带上随身行李。她担心弄丢护照。我们当然都知道那些完全是身外之物，乐器、护照都不足以同自身性命相提并论，但当你面临此等灾难之时，你很有可能需要时间提醒自己，抛下一切，先逃命吧。

★ 五排规则

人们经常认为，飞机上最安全的地方是后部——如果机头被撞，这么说是没错。但有时坠机从机尾开始，这时你当然不想坐在机舱后部。在坠机或紧急着陆之时，如果想拥有最大程度的生还机会，就要及时逃离飞机以防烟雾吸入和火灾发生。坐在逃生出口前后五排之内，这样能将逃离飞机的机会提高到最大。有没有比出口前后五排之内更好的座位？当然是正对出口那一排。预订靠走廊的座位也比较有利。通往逃生口途中碰到的人越少，形势越有利。互联网时代的优点在于，在线订航班的时候可以自选座位。所以记住五排规则。

★ 加三，减八

“加三、减八”是指飞机起飞后的三分钟和着陆前的八分钟。根据空难调查，坠机多发生于这些时段。为了提高起飞和着陆时的生存机会，应该注意以下几点：

特别提高警惕。保持清醒。换句话说就是不要在起飞前就马上睡着，着陆前一定保持清醒。

穿好鞋子。飞行时穿上舒适安全的鞋子（不是拖鞋）也是好主意。

不要被娱乐设备或书刊分散注意力。

如果喝酒，请跳过起飞前的鸡尾酒，不值得。

确保座位安全带安全系好。

留心逃生口的位置，数清与自己相隔的具体座位数。

★ 阅读安全卡

如果你和大多数人一样，当乘务员在进行安全检查之时，你一定是在忙着玩平板电脑、智能手机或阅读报纸。由此很容易推断你了解所有应该了解的信息——如何系好安全带，如果氧气筒掉下来该怎么做，这些事情的解说你很早以前就听过。然而，很重要的一点是，每次飞行都应该熟读安全卡。飞机型号各不相同，而且现在正如你所知，知道逃生口的位置在危急情况下至关重要。还要提醒自己，什么是安全姿势，如果需要将坐垫用作漂浮设备，该怎样操作。我想，安全卡上的这些内容只有 1% 的人会真正去阅读，但读一遍其实只需要两分钟。

起飞前的检查清单

清点从你所在排数到最近逃生口的座位数。

注意周围环境。紧急情况下，有没有潜在障碍需要处理?

穿好鞋子。

牢牢系好座位安全带。

阅读安全卡。

检查漂浮设备。

保持清醒。

★ 出租车没有你想的那么安全

绝大多数人旅游或出差时下了飞机都会乘坐出租车。实际上，坐出租车才是旅途中最危险的部分。晚上去市区玩乐之后，多数人都觉得打的回家或回酒店更安全，或者觉得坐出租车可以不用独自走夜路。无论出于什么理由选择出租车，为了保证安全，有几个关键点都必须遵守。

乘坐出租车有危险。

纽约一位出租车司机最近被判刑二十年，因为强奸女乘客。一位二十九岁的女乘客坐出租车时在后座睡着了，醒来时发现自己正被司机侵犯。她被刀刃抵着，无法动弹。家住堪萨斯城的一位女士声称遭到出租车司机的性侵犯和抢劫。她喝醉了，出酒吧后选择乘出租车回家。在纽约皇后区，一名男子伪装成出租车司机，试图当着三个孩子的面强奸一位妇女。

当局称没有任何证据可证明该男子是合法的出租车司机。

出租车很危险。乘坐出租车就等于将自己置于危险的境地。你不知道自己刚刚上的是什么人的车，等于将安全和幸福交给了一个素昧平生的人。外国的出租车尤其危险。一位澳大利亚的年轻女士在南美安第斯山脉徒步一个月平安无事，最终却被抢劫技术拙劣到家的出租车司机射杀。伊丽莎白·利特尔伍德和男朋友因为要赶飞机，跳上一辆他们认为正常的出租车。司机操着西班牙语向他们讹钱，两人没听懂。伊丽莎白以为司机是想要她下车，在她准备打开车门的时候被射中腹部。

★ 别相信出租车骗局

我已经约略描述了乘坐出租车最危险的境况，因为我认为消息灵通才能保证安全。我希望你也能尽情享受家庭度假的乐趣，出差顺利，所以我认为你应该熟知出租车中常见的骗局。在拉斯维加斯，“兜圈子”，即载着乘客绕最远的路，已成为严重问题。当地一位拥有十四年驾龄的司机在接受《拉斯维加斯评论》访问时称该问题“实在严重”，并解释说出租车司机“绞尽脑汁载着乘客绕更远的路”。一项国家审计数据表明，有将近四分之一的乘客被故意带着绕了不必要的远路。幸好这还不是生死攸关的问题，但还是会让你上当受骗。

华盛顿特区最近有位男士自首，承认曾假扮出租车司机，运载一位醉酒青年，并骗光他所有的钱。尼雷尔·米切尔说服乘客通过刷银行卡来付费。他会故意使用那些只有司机才能操作的自动取款机。他用乘客的卡，提取高出车费很多的钱。米切尔从六十多名华盛顿特区居民卡里总计窃取了超过二十万美元。

在纽约，有成千上万的出租车司机过高收费，他们会将计价器调成“郊区费率”而非标准费率。这种做法在两年之内就让乘客多付出约八百三十万美元。有一个尤其恶劣的例子，一位司机在芝加哥奥黑尔机场接到一位十八岁的大学生。该学生来自中国，会说的英语很少。司机告诉学生说从机场到伊利诺伊大学香槟分校没有公共汽车可坐，不过他可以送客，“最低价一千美元”。抵达香槟分校后，司机向学生索要四千八百美元车费。学生没那么多钱，只得把身上搜得干干净净。

★ 当出租车是唯一选择时

虽然也有许多出租车司机工作勤勉，完全不会侵犯或伤害你，但只有了解情况、保持清醒，才能最大限度保障自己的安全，以防被人利用。我想再次提醒大家，态势感知力至关重要。要对环境保持清醒，不管受了怎样的伤，永远不要和陌生人坐一辆车。如果实在别无选择，只能乘坐出租车前往目的地，那么下面几条基本规则可以遵循。

★ 了解目的地

熟记前往目的地的最佳路线。不要听凭陌生人处置，让他选择运送你的路线，应该告诉他你想走的具体路线。关注他的驾驶方向，判断他是否偏离了你预先规划的路线。告诉他立刻返回正轨。如果他拒不配合你的要求，那就下车。

★ 做好调查

无论前往何处，保持警惕都至关重要，而了解即将前往的国家或地区的诈骗形式也大有裨益。举例来说，在布宜诺斯艾利斯，司机出了名地爱换“假钱”。他会接下游客付的钱，然后调包成假币，告诉乘客不能收。旅行博客的博主警告游客，在前往该地区时，要用数额刚好的零钱支付，在使用100和50面额的墨西哥纸币时要小心。曾有报道称，有美国游客在多米尼加共和国机场搭乘没有空调的出租车，司机摇下车窗，在等红灯之际，会有骑摩托车的人把手伸进车里偷走能抓到的任何东西。旅行时搭乘出租车有何标准行为，了解清楚这一点也很有帮助。在纽约的马路上招手叫出租车毫无问题，但在中国台湾情况可能就不一样了。搜索著名的出租车公司，无论何时都记清楚他们的电话。同时，在海外的时候，请入住的酒店帮你联系出租车，然后咨询哪家出租车公司值得信赖。

★ 只有你能决定要前往何处

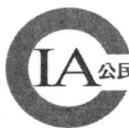

不要被出租车司机（或任何人）说服，改变原本计划的目的地。永远

不要被司机全权控制——而你自己对要前往何处一无所知。不要听信司机推荐的替换酒店、餐厅、夜店或酒吧，永远不要相信他所谓的“带你抄近道”好省钱。真相很可能是，他和所推荐机构的其他人有合作——拉客可提成。偏离原本的计划，也可能将自己置于险境，因为你不清楚身在何处，也无法确定司机是否走对了方向。

★ 这车合法吗

在钻进出租车之前，必要的做法是检查以下几个小细节：（1）车门里有把手吗？如果根本无法自行下车，那就不要搭乘；（2）确定车上有司机的照片，张贴有出租车执照牌，有收音机。这些物品缺一不可，否则就不要上车；（3）一定要在正当的出租车站搭车。对于那些靠在墙边，问着“搭车吗”的家伙，不要上他们的车。

★ 出租车不是用来合乘的

和别人合乘一辆出租车，看起来是个好主意。你也许还会想，这样可以节省在繁忙机场的等待时间，或者是当你所在的地方搭车很难时，这样也合情合理。当然，这样价格也更便宜。同陌生人合乘会让你易受攻击。与你合乘的人说不定别有目的，或者是与司机串通好的。

为乘客联系私家车的手机应用程序越来越多。这样的服务是否会为乘客的信息保密呢？根据《每日野兽》的调查，答案值得怀疑。有女性被报道称，收到司机发送的短信和Facebook（脸书）私信。有些女性指出，只有当她们在预约服务时，私人信息被泄露给对方的情况下，这些司机才能与她们联系。这些车辆由技术公司运营，背景调查和执行的安全措施可能都同其他出租车公司不同，因此在搭乘时请三思。

★ 别急着搭乘第一辆车

漫长的旅途之后，想要尽快离开机场或火车站前往目的地，这样的想法很自然。然而，急着跳进看见的第一辆出租车却是个大错误，而且真的有可能让你出师不利。机场和忙碌的火车站经常会吸引许多非官方运营的出租车，最好坚持选择地区许可的正规出租车。永远不要因为该司机的车空着，而你又不想在候车站排队，就急着跳上车。如果在机场一时半会儿弄不清该去哪里乘车，那就找到交通信息台询问。问清楚一般价格，或者在出发前就弄清大致的花费也是个好办法。

★ 关好车窗

摇下车窗，感受凉风习习确实很吸引人，尤其是你的假期刚开始的时候。但乘坐出租车的第一条原则就是关好车窗——如果实在有必要，那就稍稍开一条缝。犯罪分子总是四处寻找容易下手的目标，不要打开车窗，发送出你很容易下手的信号。当车辆减速，或者停下等红灯之时，盗贼很容易伸手进来，抢走你的随身物品。当然，即便街上有人打手势要你开窗，你也绝对不能照做。

★ 保持谨慎

这一条又回到了态势感知力上。坐出租车时，不要只顾忙着用智能手机发送信息。智能手机很容易被偷，而且能吸引窃贼。准备佩戴昂贵首饰或手表的时候，也请三思。我倒不是说你要穿得像流浪汉一样去旅行，只是说要警惕，不要露富，否则会吸引犯罪分子。

上完我的课程之后，德鲁成功避开了一次潜在的危险。他当时是和妻子、已经成人的儿子和女儿共度一生中难得的假期。他们计划去苏格兰、英格兰、荷兰和法国。旅行到巴黎火车站的时候，德鲁的旅行安全意识和态势感知力派上了大用场。他描述在出火车站的时候，周围挤得水泄不通。出租车站在哪里，一时很难看清楚。妻子和女儿被人潮挤散了，没等德鲁追上，出现了一个男人问妻子是否需要出租车。妻子说需要，接着解释说他们需要一辆大车，因为行李有一大堆。男子报以灿烂的笑容，称他们的车恰好是辆大车。德鲁的妻子感觉像是走了大运。男子抓起她的包，迅速走向出口，还提醒要德鲁的儿子和女儿也跟上。德鲁说他的警觉心立刻高涨。他感觉事情解决得太简单、太快、太幸运了。太美好了，感觉不像是真的，倒像是有阴谋。于是德鲁决定提高警惕，密切关注情况发展。他追着一行人绕过街角，在那里，家人被引到一辆没有标记的货车前。车上有个人高马大、看起来不太友好的男人正在等待，他要德鲁的家人上车，他会负责搬运行李。德鲁确认了战术防身笔的位置，语气坚定地说："不。事情不对劲，快把我们的包还回来。"德鲁的儿子开始从大个子手中夺包。德鲁本人则开始提问：许可证在哪里？车上怎么没有出租车灯？计价器在哪里？小个子一直微笑着，还试图说服他们，这是一辆"特别运营的私家出租车”，能碰到他们，德鲁一家人该感到幸运。不幸的是，妻子并不认同德鲁的担心，反而不想拿回行李去排长队等车。德鲁则强烈地感觉到，这不是正规的出租车，他们极有可能遭遇危险。德鲁觉得，一家人着实是躲过一劫，如若不然，他们可能会兜个大圈子才到酒店，要支付高额的打车费。正规出租车的队伍等了半个小时，德鲁还不得不请了两辆车才装下家人和所有行李，但最后安全抵达了目的地。德鲁的直觉绝对正确。这个故事可谓处处都是危险信号，因为他有安全旅行的意识，而且能充分发挥态势感知力，所以一家人才能继续享受安全的假期。

★ 你被困在出租车后座，需要逃生，该怎样做

首先，我会试着打开车门，趁等红灯的时机滚下车。如果车门紧锁，我会砸开车窗。要想轻松砸开车窗，你可能会用背部撞击。应该用两条腿去踢车窗右下方的玻璃——那里是最容易突破的位置。两腿并拢，用两只脚去蹬车窗的那个位置，直至玻璃破裂。在这种情况下，你得记住，玻璃角落里绷得更紧，所以踢开的机会更大。如果踢车窗中央，脚会被弹开。可登录 spysecretsbook.com 查看我录制的演示视频。

★ 酒店安全

我们都会觉得，住酒店是绝对安全的，但实际上并非如此。拳击手迈克·泰森有一次住在拉斯维加斯大都会酒店，夜间被房间里窸窸窣窣的声音吵醒。闯入者很幸运，没等泰森弄清楚怎么回事，他就逃走了。在佛罗里达州奥兰多的一家速8酒店，一名女士一边哭喊一边猛砸一间客房的门。房内入住的男士透过猫眼打量了一下，以为这名不幸的女士需要帮助。他打开门，几个男人闯进房间，用枪指着受害人实施了抢劫。在奥兰多酒店区发生的连环抢劫案中，一位游客于迪士尼世界返回途中遭到枪击。该游客同兄弟一起，被抢劫犯推进他们位于酒店二楼的房间。在马萨诸塞州海恩尼斯，一对来自宾夕法尼亚州的年长夫妇刚登记入住酒店客房，就被刀抵着遭到抢劫。他们还没来得及关上房门，就被一名男子推开门强行闯入。七十八岁的迈克·麦高恩同抢劫犯扭打起来，最终腹部着地，被抢劫犯用刀抵着抢走了钱包。

★ 酒店和火灾

酒店火灾也值得担心。米高梅大酒店火灾是美国历史上第二惨重的酒店火灾，事故发生十年后，幸存者拉斐尔·帕蒂诺向《洛杉矶时报》讲述了自己的故事。在1980年11月21日的那场事故中，八十四人遇难，六百七十九人受伤。引发火灾的是一楼餐厅的电力问题，由于可燃物的存在以及自动喷水灭火装置的缺失，火势迅速蔓延开来。时任消防队长的罗伊·L.帕里什称，火苗蹿出餐厅四分钟后就到达大厅前门，击破了所有玻璃。火势以每秒钟十七英尺的速度蔓延。帕蒂诺和妻子当时是来参加会议的，住在酒店十六楼。他们看了看窗外，意识到酒店发生了火灾。没有警报，也没有喷水灭火装置，没有任何迹象表明事故的发生。帕蒂诺夫妇走出房间，但等待他们的是浓浓的黑烟，浓度如此之高，以致他们几乎走散。和其他许多走出房间的客人相比，他们的幸运之处在于，帕蒂诺先生带着房间钥匙，因此得以返回房内。这对夫妇回忆起当年的惨痛经历，他们用毛巾堵在门下，以隔阻烟雾，并且在阳台上用窗帘做成帐篷躲在里面。窗户玻璃碎了，他们在阳台上躲了两个多小时才得到救援。帕蒂诺夫妇最终获救，但其他许多住客就没有那么幸运。大多数遇难者都死在十九楼和二十四楼之间，因为通过电梯井和空调风道腾起的烟雾在那里聚集最多。

当然，酒店通常是旅途中必不可少的部分——无论是出差还是旅行。我不是要你的家人因为潜在的酒店威胁，就不去度假或者不去出差。

我非常幸运，曾去过法国、意大利、瑞士、奥地利和希腊等地。在教授特工逃生与躲避课程时，我曾跨越全国，结识了许多有趣的人。然而，每当入住酒店之时，我总会注意遵循一些很基本但又至关重要的安全规则。我当然也一定会随身携带一些物品，以保证安全。

如何安全地住酒店

预订什么样的房间

入住三至六层的房间。犯罪分子会瞄准头两层，因为可以迅速抢劫完毕，然后迅速钻进汽车逃走。不要住在六层以上，因为美国消防车上的梯子只能够到六楼。如果发生火灾，而你住在七十七楼，逃生的路途非常远。

不要住在楼梯间旁。犯罪分子经常会瞄准楼梯间旁的房间，因为容易逃走。

发挥态势感知力，确保出了电梯后没被跟踪。如果怀疑出电梯后有人跟踪，不要进门。打电话求助。根据形势紧急程度和直觉判断，选择呼叫前台或警察。

保护自己和财物

不要忘记锁门。一进入房门就立刻锁门。

使用房门报警器。这件安保设备非常便宜，却足以拯救你的假期——如果不是救命的话。当你在房内时，就把报警器放在门口，如果有人进门，报警器就自动触发，发出极其大声的警报。

酒店房间防火

找到安全出口。进房前，先找到安全出口，注意距离你的房间有多少个房门。记住是否需要拐弯，需要走哪条路。即使无法看到，也要迅速锁定安全出口的位置。

考虑购买防烟罩和防毒面具。如果要前往第三世界国家，这一点至关重要。因为要员保护特工在前往某些海外地区实施保护任务时就会携带。

带上酒店逃生包。这是一个很简单轻盈的包，其中包含几样能拯救性命的重要工具。酒店逃生包中一般会包括五十英尺长的绳索（每层楼高约十英尺），防绳索擦伤手套，能支撑约一千三百磅重的登山扣。这些其实就是你安全逃出酒店房间所需要的全部工具。遇到需要逃生的情况时，将登山扣缠在沉重的家具（或者门铰链）上，然后使用绳索，穿过窗户安全逃生。

★ 慎重选择度假目的地

假期中最不愿意碰到的就是暴力犯罪。度假原本意味着享乐和休闲，所以我强烈建议，在决定前往某些地区时请慎重考虑。熟悉旅游目的地总是非常重要，在我看来，有些地区对美国人来说太过危险，包括墨西哥，那里近来已成为绑架之都，劫车、拦路抢劫、有组织的犯罪团伙抢劫都是出了名的；另外还有加勒比地区，尤其是牙买加，那里是世界上人均谋杀率最高的地方。

毫无疑问，加勒比地区和墨西哥都有许多很棒的地方，但了解这些地方旅行的危险之处真的很重要。虽然入住的是管理得当的漂亮度假村，但并不意味着这些国家正在遭遇的犯罪和贫困形势就不存在。制订旅行计划时，先了解潜在威胁，一如往常，无论何时都要保持态势感知力。

90秒抵达安全
CIA
公民安全手册

7

摆脱跟踪监视

特工精神助你战斗

许多人都熟知柴郡谋杀案，那次悲惨的入室行窃案导致四十八岁的珍妮弗·霍克·珀蒂和两个分别为十一岁与十七岁的女儿丧生。珀蒂女士是同米凯拉一起在当地绍普莱特商店购物途中被职业犯罪分子乔舒亚·科米萨尔杰夫斯基盯上的，当时她手上戴着一枚大钻石戒指。珀蒂女士和女儿购物期间，科米萨尔杰夫斯基一直尾随其后，接着跟踪她们走出商店，开车回到温馨的郊区家园。当夜晚些时候，科米萨尔杰夫斯基联系上另一个职业犯罪分子。两人从一扇开着的房门进入珀蒂家，在那里，他们袭击并谋杀了母女三人。珀蒂先生是唯一的幸存者。

珀蒂一家在社区备受尊重和爱戴，没有理由相信会有人想伤害他们。不幸的是，惨案证明，当犯罪分子认为你家里有他们拼了命也想要的东西（无论实情怎样），情况有多么危险。

实施犯罪行动之前，犯罪分子一般会跟踪、观察或者监视锁定的目标。绝大多数绑架、抢劫和入室行窃案的受害人都曾受到监视，时长从几分钟、几小时到几天或几周不等。在纽约，一名犯罪分子尾随一位女士从布朗克斯区步行大道一直回到家中，之后对其实施了强奸。在北卡罗来纳州，一名女性被一路跟踪到家，罪犯声称想提醒她车子有损坏，不等这名女性锁上门，罪犯就强行闯入公寓对她实施了强奸。上述事故都很惨烈，而且毫无疑问，都给受害人及其家人的身体和心灵造成严重创伤。幸运的是，我成功教会了几千人如何摆脱监视、迅速轻松地判断是否被人跟踪。拥有获知自己是否被跟踪的技能非常有用。意识到自己被跟踪，这样就能在必要时机，采取行动以保证安全。

★ 究竟何为监视

说起监视，一般人都会想象几个家伙带着录像器材、甜甜圈和一杯杯咖啡待在厢式货车里的样子。或者“监视”一词让你想到一整天看到的许多监控摄像头。那么究竟何为监视呢？监视即监控可能会变化的行为、活动和其他任何信息的行动。监视一般用来影响、管理或保护人们。一般人接触到的监视有许多不同类型。我们多数人都习惯了在体育馆、机场、餐厅和学校看到监控摄像头。我们都听说过 Facebook 和 Twitter（推特）等社交网络上发生的监视事件，恐怖分子利用其中的信息来绘制社交网络地图，用数据来获取有用信息。其他类型的监视还包括公司监控，分析、航空和生物测量监控。举例来说，我是全球保护和情报公司的首席执行官。这是一家执行保护和调查的公司，经常受雇于名人，监控他们可能偷情的配偶或恋人。

如果没有多年的艰苦监视工作，奥萨马·本·拉登就不可能被击毙。搜捕本·拉登（也称其代号“杰罗尼莫”）的工作涉及内容包括：审讯中情局秘密监狱中的被关押者，窃听电话和邮件，对其阿伯塔巴德藏匿处的387次高清图像和红外图像的搜集，安装间谍软件和追踪装置，一组卫星采集到的巴基斯坦上空的电子信号，先进的无人机，甚至还有一组中情局特工隔离在一间出租屋中判断本·拉登是否真的在那里。2011年5月2日，在动用过美国政府所有的每一项监视策略之后，中情局局长利昂·帕内塔在白宫战情室中向总统及其顾问宣布：“杰罗尼莫EKIA。”翻译过来就是，奥萨马·本·拉登——敌人已于行动中被击毙。

搜捕奥萨马·本·拉登的行动当然是极端案例，证实了高科技监视策略的效果。而我们所谈论的是，罪犯可能对你实施的监视。

★ 绝大多数犯罪都是机会犯罪

一般的美国人都认为，没有理由去监视或反监视，除非是需要监视未成年的儿子是否真的去了他说要去的地方。然而，正如之前的故事中发生的一样，一个非常常见的情况是，罪犯会尾随受害者回家，等待最佳时机强行闯入，然后实施抢劫——或者更糟。

布拉德·希思在为《今日美国》撰写的一篇名为《逃脱之人》（*The*

Ones That Get Away）的文章中，指出执法机关发生的一个可怕变化。成千上万正在被通缉中的重罪犯只要越过州境，警察和检察官就会放任他们自由。《今日美国》指出，这些越境者中约有三千三百人被控性侵、抢劫和杀人。在亚特兰大、小石城和费城等犯罪率较高的一些城市，警察告诉联邦调查局，90%的犯罪嫌疑人逃往其他州境之后，他们不会继续追捕。《今日美国》还发现，在这些不会被继续追捕的罪犯之中，有一个佛罗里达州的男子因和两位室友抢一罐啤酒不成，就用砍刀砍向了他们的脖子；还有两名是匹兹堡最想缉拿的罪犯。我不是要你因为这些想方设法摆脱司法审判的犯罪分子就生活在恐惧中惶惶不可终日。然而，我确实相信，通过学习特工逃生与躲避策略，你将能够保护自己和家人远离暴力犯罪的侵害。

记住，多数犯罪都是机会犯罪。也就是说，犯罪分子都在寻找适合行动的完美环境。了解一些关于犯罪的基本知识，这样你就能竭尽所能，确保自己不会成为最适合犯罪分子下手的对象。

★ 如果被跟踪，你会察觉吗

如果被跟踪，你认为自己能察觉吗？除非使用我的特工逃生与躲避技能，不然你很有可能无法察觉。每年我都会和大学时代的好友相聚在拉斯维加斯，观看“疯狂三月篮球锦标赛”。那是一段美妙时光——一大群好友聚在一起，观看各个电视台播放的不同赛事，吃大量的热狗。有一年，一个叫亚当的朋友在我们观看一场赛事的时候不停地起身走开。他的举止也很怪异，不正面回答自己的行踪，回话时几乎犯起了结巴：“我去洗澡。”后来，我决定跟着他，看看到底怎么回事。我跟着他一路穿过赌场，他一直没察觉。我与他保持着一段距离，用老虎机当掩护，行事足够有耐心。最后，我跟着他走到投注点（Sports Book）。原来，他在另一场赛事下了注，所以一直要出去查看押注情况。之所以不告诉我们真实去向，是因为他下的注情况着实糟糕，他一定是觉得押了这么糟的注，我们会拿他取笑。亚当完全没察觉到我在跟踪他，直至我走到他跟前。亚当很幸运，因为我只是个关心他的朋友，除了被嘲笑，他不会有任何危险。如果亚当稍微有一点态势感知力，哪怕是回头看一眼，都可能早已发现我。我又不想当詹姆斯·邦德——并不担心被发现，我只是想知道他的真实动向而已。

★ 为什么会有人跟踪我

并不一定要为中情局工作，才会有人想跟踪你。表面上看来，你可能毫无被跟踪的可能，但有很多理由会让别人想监视你。如果你曾卷入离婚案、监护权官司、诉讼案，或曾与同事争执，那么很有可能有人因此大发雷霆，从而想对你造成伤害。原因也可能很简单，例如你碰巧占了别人正等待的停车位，或者犯罪分子觉得你看起来很有钱，值得打劫。

无论人们出于何种目的监视你，最好的办法是一直提高警惕，保持黄色态势从而保证安全。如果被跟踪，有可能跟踪者或跟踪团伙只是普通人——对你心怀怨恨，或者只是普通犯罪分子，想搞些钱以备下次毒瘾发作。这听起来让人担忧，但好在遵循下列几条简单的规则，可以轻松辨别跟踪者是否为老手。一旦发现被监视，就可以采取适当措施，避免危险对抗。

★ 我真的被跟踪了吗

中情局员工都了解，如果感觉被跟踪，采取“监视探测策略”就至关重要。这听起来可能很复杂，但实际上没那么难。下面这个故事就是很好的例子，它证明了普通人该如何实施监视探测策略，以确定自己是否身处险境。二十出头的汉娜来自布鲁克林，她清楚地记得自己被跟踪那天的情形。当时汉娜在布鲁克林一个热闹街区的大型百货公司买手袋。她突然发觉事情不对劲。“我注意到有个人一直在附近转悠，看样子又不是对手袋感兴趣。我觉得怪怪的，但也没理会。”汉娜回忆说。之后她还是感觉此人对自己太过关注，于是决定前往香水区。“那人似乎是在跟踪我，但我又觉得自己可能是被害妄想。”汉娜想确定自己是否真的被跟踪，于是决定上楼前往女鞋区，想着如果那人还出现，那就是跟踪无疑。当然，那名男子最后也去了女鞋区，一边打电话一边观察汉娜。“我感觉心都沉下去了，一时之间吓坏了，惊慌失措。我不由得想着此人跟踪我多久了，一整天都在跟吗？如果已经跟了几个星期该怎么办？我完全手足无措。”汉娜记得当时害怕在公共场合闹得动静太大，但还是觉得需要做个决定，她不想生活在恐惧中，遭受某人威胁。她走向那名男子，说道：“打扰。”汉娜回忆起那人慢慢转过头，然后走开，拒绝与汉娜对视。“几分钟后他又出现了，所以我决定去找保安。”男子看到汉娜找到保安，于是就低下头，快步离开商场。汉娜很幸运，那男子没有再露面，而她也学会要对周围发生的事保持警惕。汉娜其实就是完美践行了监视探测策略。她从手袋区移步到香水区，再到鞋区，从而发现此人正步步追踪，不可能是巧合。事情很清楚，她被跟踪了。

★ 态势感知力是第一步

和汉娜一样，如果关注周围环境，你也很有可能会发现自己是否被人跟踪。抬起头来，保持警惕，随时注意观察周围的人（如果在开车，那么就注意观察车周围的情况）。如果汉娜当时注意力集中在短信上，或是在打电话，或是沉迷于和朋友聊天，她可能不会注意到手袋区有个男人在转悠。这名男子很有可能已经跟着她穿过整个商场，而她都没有察觉。我必须强调，如果不能保持黄色态势，你可能就不会发现有犯罪分子正在打量你，评估你是否完美的行动对象。汉娜最早开始怀疑被人监视，是因为在商场一个不该有男性出现的区域看见一名男子。她清楚手袋区的基准线，那里不会有太多的男性顾客。这是一个明显的标志，说明有人想跟踪她。

汉娜的这次经历和我们情报界遵循的概测法一致：

一次 = 意外事件

两次 = 巧合

三次 = 敌对行为

当然，那名男子完全有可能是在为母亲或女朋友挑选礼物。汉娜很聪明，通过实施监视探测策略，转移到女鞋区来确定此人是否在跟踪。然后，男子第三次出现。事情很清楚，他是在注意汉娜，因此汉娜必须立即行动以保证安全。向保安报告，待在人多的地方，这绝对是应该采取的行动，这样就能剥夺对方继续跟踪的机会。

意图对你行凶的人会从追随你的步速开始。

为了确保不被监视，要格外注意，保持警惕。中情局人员一般会注意以下情况。

在街上有人靠你太近：正如我前面提到过的，意图对你行凶的人会从追随你的步速开始。如果你小步走，他也会一步一步配合你的步伐。这是个明显的标志，说明有事情要发生。

有人与你对视：如果有人盯着你，这也说明有事情要发生。当有人与自己目光相对时，人们一般会转移视线。正常人都会如此反应。

有人似乎对你太过关注：如果有人在你日常路线的同一地点同一时刻出现（放学时，咖啡馆，公交车站，健身房），监视这个人，注意他的行动。

不要低估自己的不舒适感，诸如不安、焦虑、疑惑、怀疑、犹豫和恐惧。

如果以上情况有一项或多项出现，你就有可能被监视了。

★ 在车里被监视

在车里也有可能被跟踪。你可能注意到，有辆以前从没见过的车开过你住的小区。在通勤、去杂货店或回家路上可能看到有辆车和你在同一处转弯。或者有时看到有人开到你前面，接着变换车道，然后又跟在你车后。为了确认是否被别的车跟踪，可尝试下列方法。

如果是在公路上，先下车，然后再回到车上。重新上车后，那辆车仍然跟在后面吗？有意识地小心减速。那辆你觉得是在跟踪你的车也保持着和你一样的速度吗？举例来说，如果你在公路上以 75 英里每小时的速度驾驶，那么就减到 60 英里。其余车辆理应会超过你，如果那辆你认为是在跟踪你的车也减速了，你就知道自己被跟踪了。

如果注意到这样的情况，就意味着你有可能正被监视。

★ 我被监视了，现在该怎样做

仅仅判断出被跟踪并不够，必须面对跟踪者。海伦的故事充分证明这一技巧的重要程度。海伦沿着上山的路跑向她最爱的慢跑步道时，注意到一名男子牵着一条大狗在走。她感觉到事情不对劲。很快，男子离海伦只有一小段距离了，而海伦愈发感到不适。“我所有的红色警报都在说：‘你不安全，情况不对。’所以我跟随这种感觉做出决定。”海伦停下来转过身，有意识地直视跟在身后的男子。此举向男子发出信号，表明海伦完全清楚他的意图。就在这时，男子迅速左转跑进公园，而海伦则决定顺着一条车流量很大的道路直接跑步回家。

海伦的做法是对的。她停下来让跟踪者知道，她已意识到发生的事情。如果海伦忽略警报信号，继续进入公园，一旦他们进入更加封闭的环境，男子就可能施暴。海伦对于所发生事情的警觉让男子放弃跟踪，继续向前。当然，如果男子继续跟踪，或者有任何让她不舒服的行为，海伦可以立即拨打 911 报警。但事实是，既然绝大多数犯罪都是机会犯罪，罪犯如果知道你已经提高警觉，他们很有可能就会挑选别的对象。

情报人员有五种简单的策略可用来反监视。要运用这些方法，你不一定非要是拥有多年经验的政府特工。它们便于施行，能帮你摆脱严重危机。

★ 策略一：停下来转身

当有人跟踪你，想要加害于你的时候，停下来转身这个方法非常有用，它既能帮你判别是否被监视，也能让对方知道你已经对他的行为产生警觉。如果是在行走，只需要停下脚步转过身，假装有事情要做——比如查看电话、系鞋带，或者转身假装是在找人。接着直视你认为是在跟踪你的人。一般的外行跟踪者此时都会方寸大乱。他可能会吓呆，或者表现不自然，因为你攻其不备。换句话说，跟踪你的人不可能表现得如街上的路人那般自然。

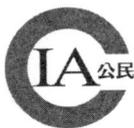

★ 策略二：宣告知情

正如我刚才提到的，一旦判定自己被跟踪，很重要的一点是，让对方知晓你已经对其行为有所警觉。一旦潜在的危险被察觉，多数犯罪分子都会放弃你。记住，犯罪分子是在寻找理想的施暴对象，宣告你已意识到他们的存在、知晓他们想加害于你，此举将让你变得不再是那么适合下手的对象。通过寻求商场保安的帮助，汉娜告知跟踪者，她已经注意到他，不想再容忍被跟踪。也正是此时，那名男子出了商场。我认识一位女性，在意识到自己被跟踪进地铁后，突然转过身，问跟踪者："什么事？"对方转过身立即离开了。转过身，自信地问一句："我能帮助你吗？"此举很可能让对方选择放弃你。

★ 策略三：不要当软弱的目标

不要成为理想的施暴对象。展现出强大的一面，挺直腰背走路，把头抬起来。给一个人打电话，谈论起有人在跟踪你，动作要明显，声音要大。不要担心，把战术防身笔掏出来，准备好使用。记住，当犯罪分子从照片中挑选可能下手攻击的对象时，他们选择的都是看起来很软弱，或者看似掉以轻心的人——他们低着头，塌着肩膀。

★ 策略四：待在公共场所

如果确定被跟踪了，一定不能回家。表面上看家是安全的地方——可以锁起门来打电话求助——但一定不要这样做。永远不能让犯罪分子知道你的住所。他们会强行闯入，或者假装已经离开，但其实是藏起身来，计划着晚点再闯入。如果被监视，为了确保安全：

待在人多的公共场所，打电话求助。安全场所包括餐厅、咖啡馆、繁忙的商店、拥挤的街角。

永远不要走进小巷子或无人的街道，在那里你会与世隔绝，使得犯罪分子更容易下手。

如果在公共场所被跟踪，例如杂货店，不要走出店铺返回车上。所有的犯罪分子都会等在出口，等你走出店铺。之后他们会跟踪你上车，然后选择面对你，或是跟着你回家。

★ 观察他们的鞋子

如果步行途中怀疑被人跟踪，注意观察对方的鞋子，以确定跟踪你的是不是同一个人。摘掉或戴上棒球帽、太阳镜或其他物品很快，让人难以分辨特定的人。然而，要随身携带备用的鞋子可不是件容易的事。跟踪者穿着的鞋子可能不会更换。

★ 策略五：减速，混淆视线

如果确定有车在跟踪你，继续驾驶（再次强调，被车跟踪时千万不能回家），改变车速，多转弯，让跟踪者意识到你已产生警惕。情况安全时，注意跟踪车辆的品牌和车牌号，以便将信息提供给警察。

★ 当你遭遇高等级威胁

如果与前夫或男友关系很僵，对方一直对你骚扰不休，或者与前雇员或同事有分歧，你也许该按照高等级威胁来应对。如果对一个经常注意到的人心存疑虑，你也应该按照高等级威胁来应对。每次锻炼完毕，都有人等在健身房外吗？对某个似乎总是与你同时同地买咖啡的人有所怀疑吗？如果要按照高等级威胁来应对，有几条重要的附加防范措施需要注意。

★ 改变行为

如果担心某个特定的人会跟踪你，那就特别注意一直改变自己的行为模式。这一点可能很难，因为人类都是习惯的动物，很难打破常规。但为了保证安全，打乱行为模式以及活动顺序至关重要。

改变早上出门的时间。

改变通勤路线和时间。

打乱行为。如果每天在同一家咖啡店买咖啡，改变这种模式，选择在

不同时间、不同地点买。

去之前从未去过的餐厅用餐。

下班后挑选不同的回家路线。

要注意的是，虽然采取高等级威胁应对策略确实会让你难以被跟踪，但不要忘记持续提高警惕。永远不能脱离黄色态势。记住，黄色态势能让你远离红色态势，即危急情况。

★ 你内心的特工精神

我从未想过，在中情局学会的监视技巧会在见过女朋友的父亲后派上用场。故事要回到我单身时代期，当时我遇见一位漂亮女孩——我们的初次约会妙不可言。第二次也很棒，终于，我应邀参加晚宴见她父亲。晚宴之前，女孩告诉我说她父亲从事建筑业，曾经雇用过约翰·戈蒂，就是纽约那位臭名昭著的黑手党犯罪头目。当时约会的那位女孩碰巧还给我讲过一个故事，是关于她父母会见一位声名狼藉的职业杀手的。这时我开始起疑。虽然没有任何证据表明女孩的父亲也是黑手党成员，但是如果它走起来像鸭子，叫声也像鸭子……我一般对见到的人很快就能做出判断，而我立即就发现，和我一样，女孩父亲的裤子口袋中也别着一把小刀。我问起那是把怎样的刀时，女孩父亲向后一跳——非常警觉。他立即反问我是否带有枪。虽然我一般都会带枪，但马里兰州的法律不允许携带这个秘密武器，于是我照实相告。此一回合之后，女孩父亲变得相当亲切，但还是给我一种老派黑手党的感觉——就像是从电视剧《黑道家族》（*The Sopranos*）中走出的人物。当晚稍晚些时候，女朋友哭着打电话给我。她父亲想知道她为什么要带联邦调查局的特工去赴宴。他想知道我的名字、住址、电话号码、绰号——他想了解我的一切信息。女孩已经告诉父亲我不是联邦调查局的人，但他不管，于是女孩想提前通知我。之后我开始每天 24 小时每周 7 天枪不离身。在上下班途中都开始运行监视探测策略，在房屋周围增添了大量安保设备（报警系统、视频摄像头、运动探测器）。我知道他们可能会雇用寻踪者将我翻出来，然后确定我是不是联邦调查局特工。我知道这个过程会花掉一至两周时间，我必须动用所有的反监视秘诀才能逃生。

后来我又被邀请去赴宴，于是我明白他们知道我没有威胁。然而，女孩父亲邀请我坐下交谈。“杰森，我们这周末要去打猎，想邀请你参加。”我当然不可能同黑手党去打什么猎，他们可是十把枪对我一把。显然黑手党没有搞定我，所以我还得以在此。我想说的是，在你觉得一切顺利之时，却发现女朋友的父亲是黑手党，你会突然切切实实地为拥有这些反监视技能而开心。虽然我凭借自己的力量就能轻松应付这种情况，但有些更严重的情况可能就需要极端手段了。

★ 极端监视

极端监视的情况普通人一般不需要担心，专业人员会采用一些有趣的策略来实施监视。要采用这些策略，对普通人来说并不容易，因为要耗费你难以想象的时间和资源。但是如果你内心的特工精神很好奇，有一些监视方法更为复杂，察觉起来也更难。

★ 平行监视

需要的工具

两辆或更多的汽车

道路信息（必须有平行道路）

如何行动：第一辆车跟踪目标，保持一定的距离。另一辆车从与目标行驶车道平行的道路上跟踪目标。一旦目标车辆转弯，另外那辆车就能接替监视。

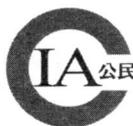

★跳蛙式监视

需要的工具

多辆汽车

对讲机

暗语（可选）

如何行动：这种方法需要多辆汽车和随时保持联系的对讲机。如果真的想出动内心隐藏的詹姆斯·邦德，你和搭档需要创造一套用于描述目标情况的暗语。正如名称所暗示的那样，这套监视方案需要通知前面的搭档，目标正在靠近。这就意味着第一辆车无须减速或撤退，无须向目标隐藏身份。

★迷惑监视者

摆脱监视者最好的办法就是给他们捣乱。给完全陌生的人随便传句话，或者走进商店，开始漫无目的地闲聊。这些简单的行动就足以迷惑或甩掉监视者。

★团队监视

需要的工具

一组人

对讲机

周边区域信息

如何行动：实施团队监视需要将一组人马安插在目标可能出现的战略位置。这些人需要通过对讲机联系。如果是在纽约采用团队监视瞄准目标，你可以将组员安插在地铁入口、街角，或许还包括目标可能停留的酒店或咖啡馆。监视团队的每个队员都通过对讲机，提前通知彼此目标的位置。

想象一下，就像电影中发生的一样，如果被人跟踪，你将怎样摆脱，再学些特工技巧是很有趣的。如果发现自己身处险境，知道自己有能力保护自己也能让人充满力量。从今天开始，对身边的人保持警惕。注意在商店中和你一起排队的人。观察餐厅里盯着你看的人。对可能与你保持同一路线的车辆不要掉以轻心。意识到这些人的存在——而且可能正计划着施暴于你——正是保证自己绝对安全需要走出的第一步。保持自信和警觉，这能救你的命。

从今天开始，对身边的人保持警惕。

90秒抵达安全

CIA

公民安全手册

8

社交工程

我们为什么会上当

在英格兰北部小镇，一群少年邀请一名少女和她的朋友放学后玩碰碰车、吃冰激凌。后来，男孩们离开，女孩们引起一些年纪更大的男人的关注。免费的冰激凌被换成了坐车兜风、伏特加和大麻。其中一名少女引起一名年龄是她两倍的男子的兴趣，这名男子似乎是那群男子的头领。女孩告诉《纽约时报》，男子“奉承她”，后来还给她买喝的、买手机。女孩喜欢这个男人。终于，在赢得女孩的信任之后，男子开始实施强奸。过程是逐步开始的，很快从一周一次发展到每天一次。这位年轻的受害者被锁在公寓房间里，要服务六名男子。不幸的是，少女的经历并非偶然。1997年至2013年间，在英格兰的罗瑟勒姆，据估计有一千四百名儿童遭受性侵犯。过程大同小异。年轻男子在人来人往的汽车站、购物商场、镇中心等公共场合寻找女孩。他们用香烟和酒慢慢赢得女孩的信任。有时还会掺进毒性更大的毒品。先是一名男子与女孩发生性关系，他会扮演女孩的“男朋友”。接着这个男朋友坚称，如果女孩真的爱他，就应该也和别的男人发生性关系。到了这一步，威胁和勒索的手段也会用上。一名少女被威胁说，如果告密，她的家人就会被杀。有时情况会更糟，有些女孩甚至会被交换，或者被卖掉以换取毒品和枪支。

如何通过社交工程来操控人们做他们平时想都不敢想的事情，此案可谓悲惨例证。事情一开始看来都纯真无害，在游乐场有男孩请吃冰激凌，但慢慢地，邪恶计划逐渐展开，诱惑升级到毒品和酒、乘车兜风和手机，最终遭到年长男子的性侵。

★ 什么是社交工程

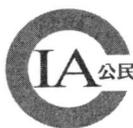

所谓社交工程，从根本上来说就是一个人的心理受到控制，做出他们本不愿做的事情。社交工程还包括操控某人泄露机密信息。其表现多种多样，但幸好并非所有的社交工程都那样阴暗。在纽约和其他大城市，当你开车在等红灯的时候，会有人上来帮你喷雾清洗车窗。你朝他喊道：“住手，我不要你清洗——走开。”但那人无视你的大呼小叫，继续清洗。最后，他洗得很干净，当他在窗口露面时，你想着：“好吧，他反正帮我洗了风挡玻璃，我就给他两美元好了。”洗玻璃的人运用社交工程赚到了你的钱。来看巴尔的摩，在我经常光顾的一家加油站门口有个流浪汉。他会帮我开门，招呼说：“祝您一天顺利。”出门时他再次帮我开门，不过这次他会问：“能施舍一美元吗？”我曾见过许多人因为这种社交工程而给了这人钱。那么有没有这样的情况呢？你收到某人送来的生日礼物，然后心里暗自思忖："所以等吉姆过生日，我也得送他点什么。"这种形式的社交工程烦人得很，但并无危险。然而，许多犯罪分子却会操纵社交工程，从无辜之人身上索取他们所需。

社交工程形式千变万化，你最熟悉的可能是网上诈骗。例如，我们许多人都曾收到熟人发来的悲惨邮件。他们正在国外旅行，但遭到抢劫。护照和信用卡都没了，大使馆也下了班，真是好一番困境，简直一筹莫展，绝望中只能给你发邮件请你提供信用卡号码。幸运的是，绝大多数人都明白这意味着什么——诈骗。但不幸的是，这样的骗局一再发生，因为总会有人乐意提供信用卡号来帮助困境中的朋友。重点在于，要知道社交工程诈骗已经存在几个世纪了，你坐在电脑前其实是非常弱势的。从特洛伊木马到伯尼·麦道夫的庞氏骗局，社交工程骗局可谓五花八门。

我曾同一位朋友去法国旅行，一出地铁，她就准备打开地图。一名男子迎上前来想帮忙指路。我知道那人是想稳住我朋友，这样一来，他的共犯就好偷钱包。当然会有同伙在远处候着，等待男子"帮忙"指路的时候好乘虚而入。这是一种经典的分心骗术，社交工程骗局可谓创意非凡。在纽约，一名二十来岁、衣着考究的男子在前去与同事碰面的途中不小心撞到一名带小孩的爸爸。他们碰撞时，打包的中国菜洒在地上。那位带食物的爸爸变得令人难以置信地愤怒。"那是我们的晚饭！你毁了我们的晚饭！我没钱再给孩子买吃的了。"这名久经世事的纽约人虽然疑心，但还是掏出钱包拿了些现金给这个爸爸。他知道这可能是骗局，但也不想害这个小孩吃不上晚饭。真相其实是，骗局艺术家从当地提供外卖的中餐馆买最便宜的食物，找那些看起来充满同情心的人来碰瓷，借着"被毁掉的晚餐"大赚一笔。这种骗局现已升级到包括昂贵的瓶装葡萄酒。游客们会撞上抱着昂贵葡萄酒的人，他们还有假收据做证明，然后索赔六十美元。2008年夏季奥运会期间，北京茶骗局横空出世。有中国少女在好心带游客游览数小时之后建议游客体验传统茶艺。游客被带去茶楼，不过并没有菜单。在尝过少数几种以所谓的“传统茶艺”泡出来的茶之后，游客拿到一张巨额结算单。因为不想表现得粗鲁或愚蠢，游客只得全额付款。事实上，那些女孩都是为茶楼老板打工的，此举可谓苦心经营、重利盘剥。

上述所有骗局都涉及心理操控术——靠控制人们的感情，唆使他们做出本不想做的事情。幸运的是，你可以从案例中学习、了解你人性中仁慈的一面如何被操纵，从而成为他人对付你的工具。好在你可以了解导致人们被骗的潜在原因，意识到罪犯惯用的一些基本方法，这样就永远不会被他们的骗术所蒙蔽。

★ 我们为什么上当：认知偏差

骗子实施社交工程技巧的目的，其实是想要控制我们穿过思维的断层。骗局艺术家们都擅长寻找人性的弱点，之后加以利用实现自己的目的。他们深谙玩弄各种人类情感——贪婪、好奇、慷慨、恐惧的方法。类似恐惧这样的情感能帮助我们摆脱麻烦，例如在遭到追杀时提醒我们逃命、大楼发生火灾时警告我们逃跑，但这样的情感也能将我们困住。在社交工程诈骗案中，人们不仅仅是败给了骗局艺术家，同时也败给了认知偏差。

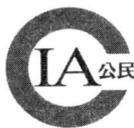

认知偏差基本上就是我们的思维失误，它发生在我们的信息处理过程中。人类需要处理各式各样的信息，有时需要立即做出决定。认知偏差其实就是大脑帮助我们更快决策所采取的捷径。类似的捷径在刚才提到的案例——面对危险时非常有用。但碰到骗子，这种偏差就不好使了。有许多不同种类的偏差会影响我们的决策，不过如果学会警惕几种关键偏差，你就不会被骗局所害。

★ 情感启发

情感启发就是让你立即做出本能反应。这是一种迅速发生的即时性反应，通过情绪反应帮你做出决策。一般情况下，如果对某事物有好感，你就会推测只要是让你产生好感的事物，就会为你的人生带来有益影响。基本而言，感觉会为你对特定情境的解读添油加醋。

举例来说：如果处于成长时期的你，在某个夏天，同家人在湖里游泳，度过了一段快乐的时光，那么水这个意象就会为你带来愉悦、平静的印象。如果童年时期差点溺亡，水就会让你立即产生不安和恐惧。对水的感觉会直接影响你对现实中水这一事物的反应。

★ 诱导效应

诱导效应就是在两难抉择之中，让你意识到还有第三个选项。选项三能让你轻松在两物中做出选择。杜克大学营销专家乔·休伯通过询问一组人的餐厅选择偏好解释了诱导效应的工作原理。一种情况是，真正超赞的五星级餐厅要开车走很远，三星级餐厅却近在咫尺。为了美食而长途跋涉，还是就近就餐，但味道可能没那么好？这群人无法决定。他们都觉得，如果距离不是那么远的话，五星级餐厅绝对是想都不用想的答案。营销专家引出选项三，一家坐落在两家餐厅之间的两星级餐厅。这个选项的出现让人们选择了三星级餐厅,因为现在它无论是位置还是品质都胜过了选项三。

举例来说：不久前，我们在餐厅、唐恩都乐（甜甜圈品牌）和星巴克买饮料时面临三个选择——小杯、中杯和大杯。但是有了超大杯或高杯供选择后，多数人并没有考虑附加的选项，也没有选择平时会选的小杯，而是挑了中杯。诱导效应导致我们的大脑将其他选项同新选项加以对比，然后选择了稍微加大的中杯。

★ 鸵鸟效应

当听到好消息时，人们都希望越多越好。如果是负面消息，哪怕是有用的，人们一般也宁愿不知道。你可能已经猜到，鸵鸟效应就是指将头埋在沙子里，拒绝接受负面消息。一般反应是：“看不见，就不存在。”

举例来说：鸵鸟效应的典型案例是，在花很多钱度假或过了圣诞节这样的重要节日之后，你会不愿打开信用卡账单。你知道消息会让你不快，所以就扔在那里直到不得不打开。你会避免所有负面情绪，不让自己接触此类信息。

★ 乐观偏见

人们希望保有进步的希望，喜欢保持乐观而非采取现实的态度，希望事情比实际要更好。这种积极看待未来的倾向意味着，我们对潜在危险毫无准备，处于弱势。

举例来说：一个人若对未来过于乐观，就很可能对实际上完全有可能发生的人生大事缺乏准备。这样的人可能不会为应对失业而储蓄，似乎也不可能去找医生进行年度体检。出于乐观偏见而不储蓄，不看医生，由此引发的结果即便不是灾难性的，也是十分负面的。

★ 近因偏差

近因偏差是说，我们倾向于认为近期发生的事情——我们当下所看到的任何趋势和模式——可能会影响到将来。人们很容易记住近期事件的影响。因此我们不喜欢从实际数据出发，不愿承认有不可测的概率，而喜欢预估生活会沿着相似的轨迹前进。

举例来说：近因偏差意味着，你可能会因为本地区此前从未有过飓风，就不把飓风警报当回事，拒绝采取适当的防御措施。

★ 不要因为认知偏差而上当受骗

因为认知偏差比我上面提到的要多得多，所以你可以学习一些方法，确保不会因认知偏差而受骗。保持合理的怀疑有利于保证安全。我不是要你随时随地都担心受骗，只是应该提高警惕。如果在国外碰到有人帮你看地图，请花几分钟时间看看身后，确定自己是安全的。如果有人敲门自称是警察，你需要拨打911确认他们的身份。保持警惕，不要害怕查验周围环境或查证信息，这样能确保安全。

★ 每分钟都有骗局发生

我们都听过“每分钟都有婴儿诞生”这句话。事实上，每分钟也都有新的骗局发生，尤其是在互联网时代。我不可能列举出所有的骗术，但能让你对其中最常见的一些有所警觉。让自己熟悉一些最普遍的诈骗技巧，这样一旦有人想加害于你，你就能做好准备立即避免。

★ 互惠法则：当你不愿回报人情

我们都碰到过真心诚意想要回报善意的情况。如果邻居在你度假时代你收过邮件，或者在你紧要关头有家庭成员帮你带过孩子，我们一般会愿意搭把手回报他们的好意。基本上如果有人付出过善意，我们自然都乐意回报人情。然而在有些情况下，我们这种自然而然的报恩心理却会带来大麻烦。当有人蓄意利用互惠法则，索取比付出多很多的事物作为回报的时候，情况就尤其如此。举例来说，你的邻居可能曾在你外出时帮你遛狗，这本是一番好意。你会乐意做些类似的事作为回报，例如在她度假时帮她喂喂猫、给植物浇浇水。但是如果她某天走进门来，告诉你说她希望你帮她粉刷房子，或者整个夏天都帮她打理草坪，那就说不过去了。当犯罪分子瞅准了互惠原则，索取比付出高很多的回报之时，麻烦就产生了。

1990 年 5 月 1 日，帕梅拉·安·斯马特下班回到家，发现家里被洗劫一空，丈夫遭枪击身亡。经过一番耸人听闻的审讯，斯马特被判谋划一级谋杀罪，谋杀最终由她十五岁的情人和两个朋友实施。斯马特和少年威廉·弗林曾因担任学校某项目的志愿者而相遇。随着恋情的发展，斯马特向弗林吐露秘密，想看到自己丈夫身亡。最后她以结束性关系为由，威胁弗林同意杀害她丈夫。弗林因为参与谋杀而被判二十八年监禁。其余两名少年也被判参与谋杀或同谋的罪名。审讯期间发现，斯马特曾指责弗林虚情假意。她告诉弗林，如果真的爱她，就会同意杀掉她丈夫。

斯马特利用互惠法则来要挟弗林以达到自己的目的。她选择同一个弱势的少年发生恋情，以性作为恩惠，然后坚持要对方做些什么来回报自己。显然这不是普通恋爱应有的模式——斯马特设好圈套，通过社交工程来诱惑他人帮自己实施谋杀。在情报界，互惠法则可能从请你喝东西开始……或者送你礼物，接着就索取些小的回报。这样的小回报一般都是灾难的开端。底线是，即便你欠某人人情，也不要出于愧疚而做出让你觉得不妥的事情。

★ 为什么不能总是乐善好施

泰米基亚·杰克逊在格鲁吉亚一家加油站加油的时候碰到一对夫妇求助。一名女士问是否能借她些钱给车加油。杰克逊同意帮忙，并高高兴兴地拿出钱包中最后的二十美元。那位女士表达了谢意，开心地询问是否能拥抱她一下。杰克逊同意了。接着一名男士走出驾驶室，来到杰克逊身旁。他说："非常感谢。我真的非常感激。我也能拥抱你一下吗？"杰克逊感觉到那个拥抱不对劲。次日清晨，她才明白为什么那对夫妇拥抱她时会那样紧张：她的银行账户丢了约三千美元。杰克逊从加油站离开才两个小时，她的信用卡就发生两次大笔支付，也有从自动取款机提款。事实证明，趁拥抱之际，那对窃贼采用高科技扫描设备，盗走她前身口袋里的信用卡信息。

杰克逊实际上还算幸运，因为只是被窃取了信用卡号码。因为乐善好施而任人摆布，此举有可能让你付出生命的代价。想要帮助别人的心意——尤其是那些急需帮助的人士——值得钦佩，但关键在于，不能因此让自己陷入可能受到伤害的处境。

20 世纪 70 年代臭名昭著的连环杀人犯特德·邦迪就是玩弄人们善意的高手，他供认曾在七个州犯下三十起谋杀案。邦迪的英俊和超凡魅力是出了名的。他会伪装成受伤的样子接近潜在的行凶对象。他经常使用拐杖，在他某个住处还搜出用于制作铸模的熟石膏。在西雅图市东南方向六十英里处的一所大学校园里发生女性失踪案，几名目击者声称曾见过一个符合邦迪外形的男子——腿部打着石膏，或是手臂缠着绷带——请人帮他把东西搬到车上。

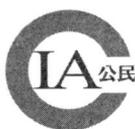

当然，并非所有寻求帮助的人都是卑鄙的连环杀人犯。然而，邦迪的故事却证明，哪怕只是搀扶一位受伤人士走几英尺路返回车上这么简单的举动，也非常容易置人于险境。出于人类的本能，我们都乐善好施，但重要的是，不能因善意而危及安全。在印第安纳州的贝茨维尔，一名男子伪装成车抛锚的车主，寻找善心人行骗。他把车停在州际公路的路边，等待救援者的来到。一位老妇人停了车，他说服对方借他钱去修理车子的机械故障。这位骗局艺术家次日又叫停同一位好心人。不幸的是，这位妇人仍旧没有识破骗局，反而将自己的家庭住址告诉骗子，好让对方去还钱。骗子按图索骥找到妇人的住所，未经许可便强行闯入，又通过长时间分散对方注意力，偷到了她的钱包。家住温哥华的雪莉·麦格洛克这天从杂货店回到家中的时候，一对夫妇走上她家车道，询问她能否借些水好给过热的货车降温。雪莉进门时忘了关闭报警系统，于是便上楼去关。等她下楼时，那对夫妇早已溜之大吉，一起消失的还有她的钱包。

我们的底线在于，要明白犯罪分子有无数利用人们善意的方法。在同意提供帮助之前，先确定自己不会陷入隔绝境地，永远不要上别人的车，如果感到不适，也不要害怕，立刻离开或者打电话求助。

★ 设套

在《虎胆龙威4：自由之神》（*Die Hard 4*：*Live Free or Die Hard*）一片中，主人公马特·法雷尔（由贾斯汀·朗扮演）就靠一个虚假的疾病作为托词而成功达成目的。他对安吉星公司的助理代表假称需要汽车来救助身患心脏病、奄奄一息的父亲。这个借口说服了助理代表发动汽车，但法雷尔其实是要去行窃。

设套就是指编造一个情境诱人上钩，让对方做出平时不乐意做的行为，或泄露一般不可能泄露的信息。设套一般都要有一个精心设计的谎言。参与设套的犯罪分子可能会假冒同事、银行雇员、保险调查员、税务人员，甚至牧师。设套者可能假冒任何人，只要其身份拥有将人们置于某种特殊情境的权力，或者有权了解特定信息。

家住佛罗里达州马纳蒂的一位女士就因为成功识别出圈套而保住了性命。那是周日的深夜，这名女士看到红绿指示灯闪烁就把车靠边停下。一名胡须剃得干干净净的高个子男子要求她上他的车。男子并没有要求查看执照或车辆登记文件，因此该女士拒绝下自己的车。那名男子声称回车上去找女警员来接替，但他反而加速驶离现场。该女士一般并不会上陌生人的车。很庆幸她足够警惕，意识到此情景是设计来骗她上车的。男子驾车离开后，她立即拨打 911。

如何识别圈套

设套者一般都预先准备好了答案。他希望获知需要了解的信息，以便给人以权威感。成功的设套者反应机敏，无论形势怎样变化，他都能从容应对。相信你的直觉，要明白如果此人不能回答所有问题，事情就可能不对劲。举例来说，有个家伙示意一名女士靠边停车，但他既没穿制服，开的车也没有标志。

细节不合情理。想象有个朋友告诉你：“哦，我们只不过是在举办小型家庭新年聚会。”然而她屋前停了三十辆车，整条街上都能听到音乐声。

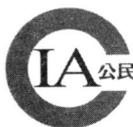

好得令人难以置信。毕竟在尼日利亚有个富翁叔父的人不多。如果有人寄来邮件说他有五千万美元等着给你，那一定是骗局，不要理会。

信用卡公司不会打电话来询问私人信息。如果你的开卡公司打来电话，请挂断，然后拨打卡片背后的号码询问。

★ 分心抢劫

田纳西州有名男士因为自己成为分心抢劫的受害者而悔恨万分。家住田纳西州克罗斯维尔的斯蒂芬·阿马拉尔同意了一对夫妇提出的一个不同寻常的请求。妻子询问是否可以趁她的丈夫外出买烟之际“到斯蒂芬家的游泳池裸泳”。阿马拉尔一直观看着该女士游泳的场景，后者在他的泳池里裸泳了约二十分钟。结果证明，趁阿马拉尔观赏该女士游泳，甚至为她提供浴巾之时，她的丈夫则在他家中打劫。

人们很容易分心，而罪犯深谙此理。挑选一个人，甚至一群人，设计一套分散注意力的方案，这并不难。分心的后果有时候非常严重。在密西西比河流域的格林纳达，有三个人因为给两所地区学校打电话进行炸弹威胁而被捕。趁警察忙于搜索和疏散校园里的人群时，两名蒙面人打劫了当地一家银行。不过，大多数分心法都是小范围的，犯罪分子想尽快分散你的注意力。他们希望你毫无察觉——直至最后发现钱包被偷。在加利福尼亚州的圣克莱门特，一位八十六岁的老人丢失了价值二十万美元的珠宝。原来是有人伪装成承包商的身份接近老者。他提出可帮忙修复屋顶，老人接受了。承包商告知老人，他的儿子会一起参与修复。他请老人照看着儿子爬上屋顶。与此同时，“承包商”本人则潜入房子盗取珠宝。在伦敦商业街，一名女士提取了大量现金，之后前往杂货店。有两男一女走过来告诉她，她“背上沾了东西”。他们坚持要帮女士擦掉。在她毫无察觉的情况下，手袋里的现金消失了。虽然许多犯罪分子在实施分心盗窃之时会选中老人下手，但实际上所有人都可能受害。

和利用善意诈骗一样，分心诈骗也想象力超群。犯罪分子会以怎样的方式分散你的注意力呢？答案不可胜数。所以该怎样避免成为分心诈骗的对象呢？

保持距离。如果事情看起来有古怪，请退后，不要让那人靠近你。这样能阻止那人掏你的口袋或袭击你，他们本打算如此。

注意身后。有一次我从家附近的杂货店出来，一名女士走过来请我开车捎她一段。此事显然不寻常，因此我立即环顾四周，以确定没有人会来给我当头一棒或抢劫我。

提问。多问问该人的经历，确定一切合乎情理。不要只听信他的表面言辞。如果他想分散你的注意力，是不可能答出你提的所有问题的——你一开问，他们就会逃走。

★ 你内心的特工精神：如何运用社交工程手段，操控某人按你的意图行事

你可能不会相信，但中情局人员经常会成为社交工程的目标。他们在酒吧经常被搭讪，往往都是一名美女，她们有好一番故事要讲。中情局人员甚至会被警告，当心被当众开除出局。记得有一次下班后我和其他同事去酒吧，一个女人走了过来，我立即分辨出她是白俄罗斯人。我根本不认识她，她却主动讲起自己的离奇经历。她对我说曾遭残暴丈夫的残忍虐待——她十八岁就被卖给了那个四十多岁的家伙。后来她终于逃出家门找到避难所，但在那里却遭到更严重的虐待。尽管如此，她还是设法摆脱了悲惨的境况，念完医科大学。她主动打开话匣子，分享如此隐私且悲惨的经历，这对我来说就相当于竖起了一面红色警示旗。我知道她希望我也敞开心扉，也分享些故事作为回报——谁知道她会向谁泄密呢？幸运的是，我受过训，并无意泄露私人信息。这个女人的行为也并非正常之举。如果一个人真的想挑逗你，就会尽量展现最好的一面，不可能一上来就讲些邮购新娘被丈夫强暴的惨事。

★ 社交工程如何为你所用

我当然不是要你运用社交工程去伤害别人，我只是承认能用它来找些乐子。我们有许多方式来说服他人按我们的意愿行事。下面是几种很有想象力的方式，你可以运用社交工程来增加自己的优势——你可以将这些技巧记在心里，以防自己被社交工程所利用。

★ 雇一个保镖

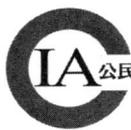

你有没有好奇过当名人是什么感觉？二十三岁的布雷特·科恩运用社交工程弄清了答案。科恩先查看了纽约时代广场的地形，觉得那里是作为名人首秀的完美舞台。他给自己找了两个随从，从克雷格列表网站上雇来两名保镖、三名摄像记者、四名摄像师。相貌普通的科恩换上帅气的衬衫，戴上深色墨镜，外加一脸灿烂的笑。他小心翼翼地走出洛克菲勒中心的 30 Rock 大楼（奇异电器大楼），两名看起来高大而严肃的保镖走在他的两侧。摄像记者和摄像师准备好开工。科恩露出灿烂的笑容，表现出自信的样子。他对人群连连飞吻。人们立刻接受了这一套。科恩的一个朋友问人们对于著名的布雷特·科恩有什么看法。一位男士表示他是“一名非常棒的演员”，还提到电影《蜘蛛侠》中明显不是科恩扮演的角色。另一位男士被问到对科恩的音乐有什么看法。该男士回答说“曾听过他的首支单曲”。粉丝们追随着科恩在时代广场附近逗留了三个小时，他也连连摆出姿势同大家合影留念。一群又是尖叫又是飞吻的女孩说：“这是我人生中最美好的一天！我爱他！他好帅。”闹剧的最后，科恩身后围了将近三百个人。考虑到大量人群聚集可能会引来警察，科恩在两名保镖的护送下进入一家小酒店，打着手势让人们退后。在根据这次经历拍摄的视频中，科恩在闹剧的最后走过街道，独自去乘地铁。随从离开后，他显然失去了明星效应。

★借个孩子

如果想要人们卸下防备，借个孩子可能会帮上忙。老实说这一点很有可能只对男性有用。不幸的是，我们都像是被洗了脑，事实上，对于带孩子的女性，我们完全不会多想。但如果是父亲带着婴儿走出杂货店呢？他会自动被评为年度父亲。我有个朋友就指出，她的丈夫在儿科诊所就得到了和她完全不同的待遇。她丈夫带着生病的宝宝去看医生，却将尿布包忘在了家里。宝宝饿了，哭着要吃的。立刻就有护士拿着奶瓶和婴儿食品跳出来，她们光是看到竟然有老爸带孩子来看医生这回事就惊呆了。“要是我忘了带奶瓶，就会被人们当成史上最差妈妈。但我丈夫只是露了个面就大受赞扬！”如果有男人带着婴儿出现在公共场合寻求帮助，大多数人都会立即认为这位父亲一定是走投无路了。有婴儿和小孩的出现，总能让人们感觉更舒适。我们都听过男人带侄子去公园打棒球，其实只为结交女朋友的故事。

★交换条件

看过电影《沉默的羔羊》的人可能都会记得这个场景，朱迪·福斯特

（克拉丽斯的扮演者）试图通过汉尼巴尔·莱克特（安东尼·霍普金斯扮演）来获取自己正在追查的一个连环杀人犯的信息。

想要我帮你，克拉丽斯，那得是你我“互惠”。一物换一物——我告诉你什么，你也得告诉我什么。不过我不想知道这次案情。我想听听你的事。一句换一句。答应不答应？

物物交换简而言之就是“一物换一物”。交换行为有个很经典的例子就是，男人带女人出去大吃一顿，同时也期待女人能跟他回家。交换战略也可以用在不那么坏的场合。例如妻子如果想让丈夫帮忙做些家务，她可能会先给丈夫做他最爱吃的晚餐。小孩子可能会先整理干净车库，作为交换希望能晚回家或者借车出去用。我们多数人甚至在没有意识到的情况下就会使用交换战略。这是一种请他人帮忙的很简单的方法，究其实质就是互惠原则在发挥作用。

★ 装作应该到场的样子

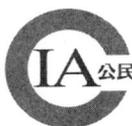

在电影《婚礼傲客》（*Wedding Crashers*）中，杰里米（文斯·沃恩扮演）和搭档约翰（欧文·威尔逊扮演）能够擅自闯入各种婚礼，哪怕是年度最受瞩目的——财政部长家的千金的婚礼。他们大摇大摆地走进去，自我介绍一番，喝杯香槟，毫不费力就能捏造出各种受邀原因。装作应该到场的样子，这种方法很有效，能帮你进入本不该出现的场合。我不是要你当不速之客，或者做出任何违法之事，不过看看人们怎么为此绞尽脑汁是很有意思的。我曾轻轻松松混进许多建筑做穿透工作，方法就是和保安闲聊，装成应当出现在此的样子。人们都被洗了脑，相信徽章或身份证的作用。看到公司身份卡，哪怕只是在家里简单伪造的，人们也会立即相信你的身份。

能够进入或接近目标场合和人群的人都掌握了几项关键技巧。他们表现得非常自在和轻松，哪怕背心里可能大汗淋漓。他们可能专门花过时间，以确保能轻而易举地进入想要渗透的环境。举例来说，假如欧文·威尔逊扮演的那个角色衣衫褴褛地出现在财政部长女儿的婚礼上，他可能会被撵出去。进入不该出现的场合意味着，你要表现出对周围环境了如指掌的样子。不要东张西望查探环境。你需要行动自然，表现出已经来过多次的样子。

★ 找出动机

每个人都有动机，即他们的驱动力量。我们都因为兴趣和习惯而区别于他人。但如果不小心，我们的动机就会被利用来对付我们自己。我喜欢射击，而且真的很爱枪，这个信息很容易被发现。但我不会被其他爱枪的人所诱惑，进入可能让我受害的不熟悉的枪支店。不过有时候找出他人的动机却是实施社交工程的好方法。

我听过下面这个故事。有几个人在酒吧里想和一个美女模特搭讪。第一个上场的是一个亿万富翁。他走到模特身边，但迅速铩羽而归。第二个上场的是一个有名的电影制片人，结果也没比富翁好到哪儿去。第三个家伙又矮又肥，大家看着他在模特耳边低语了几句，没等回过神来，两人就一同离开了。他们重返酒吧时已是一小时之后，两人分道而行。富商很想了解详情，于是走到矮个子身旁问：“你跟她说了些什么？”矮个子回答道："我问她想不想去我那儿来点可卡因。"第三个家伙找到了模特的动机。

想找出一个女人的动机，显然并非难事。重点在于，你得采取行动，确保别人不能轻易发现你的动机。在使用 Facebook 的时候，一定记得隐私设置，当心那些所谓的"朋友"访问你的页面打探隐私。如果能轻松看到你毕业的大学、工作的具体领域以及喜欢徒步，那么人们很容易靠同样的兴趣来获得你的青睐。我不是说所有和你有共同爱好的人都意图不轨，只是如果在酒吧碰到一个家伙，他和你喜欢相同的乐队、同样也热爱儿童志愿工作，你在为此卸下防备之前，请三思。

★ 我担心年长的父母会遭遇诈骗高手，怎么做才能防止他们受害

长者确实经常成为诈骗的目标。和父母谈一谈，和他们说清楚银行和信用卡公司绝对不会打电话或发邮件询问他们的密码或账号。如果有类似事情发生，他们可以呼叫银行（亲自查询银行电话号码）。这个问题很常见，因为长者很容易相信别人。我就明确告诉我父亲，但凡有一丝迟疑，都要立即给我打电话，我们会详细谈论。

90秒抵达安全

CIA

公民安全手册

9

测谎侦探

别对我说谎

受雇成为中情局工作人员的过程非常漫长，要花费一年的时间来完成心理测验、体格测验、背景调查、笔试和多场面试。其中最让我伤脑筋的要数测谎过程了。其实特勤局和中情局都录用了我，因此我经历过多次测谎。在谎言测试的过程中，你身体的不同部位会被贴上探测器，用以测量你的呼吸频率、血压、心跳频率和皮肤电反应（换句话说，就是你出了多少汗）。虽然我很清楚这些电线的作用，但我看不到测谎器上的任何信息。特勤局的测谎过程，我记得是在一间没有窗户的白色小房间里进行的。其中的墙壁白得几乎令人昏昏欲睡。那把椅子令人非常不适，我被安排坐在距离测试员只有两英尺远的地方。我被连上数条电线。我记得当时想起家族的一件往事，很担心测谎成绩会受影响。

大概在我九岁那年的夏天，在清理祖母的地下室时，我找到一张有趣的海报。我觉得画面真的很整洁，是彩色的，上面有俄罗斯的锤子和镰刀图案。

我想留着那张海报，但我妈告诉我，老爸不可能让我把它贴在卧室里。结果证明，我祖母是彻底的共产主义者（并非人们近来频繁讨论的那个意思），那张海报正是共产主义宣传画。好像是祖母的哥哥曾去过俄罗斯几次，是他说服祖母加入共产党的。就连老爸小时候也被带去参加过共产主义读书会。故事更好玩的地方在于，老爸当时的钢琴教师是联邦调查局的秘密特工。我祖父是农民，虽然并不认同祖母的共产主义观点，但当时也经常有联邦调查局的探员来盘问他。幸运的是，他们没觉得祖母对国家安全有什么威胁。显然，在申请特勤局工作之时，家族里的共产主义渊源让我有点担心。我被问道："是否曾受雇于任何外国政府机构，或是曾为俄罗斯政府工作？"我只是笑笑，照实相告。

幸好那并不是他们最先提出的问题。谎言测试的第一件事是设立基准线。正如在态势感知力部分了解到的一样，基准线就是衡量你正常状态的标准。在参加测谎的时候，为了建立基准线，你会被问到一系列答案显而易见的问题，例如："你叫什么？""家住哪里？"一旦看清你对简单问题的反应，他们就会开始加入更具挑战性的问题。

在参加中情局的测谎时，测试员在提问难一些的问题时用了软硬兼施的方法。我一生中从未吸过毒，所以当测试员之一问我有没有吸过毒时，我回答没有。但另外那名测试员却说："测谎仪显示你吸过。你在撒谎。我们相信所有人在高中或大学时都吸过毒。"这是一种策略，先把人逼到极限，借此来让人们供认吸毒的事实。但好在我有意识地要讲述真相。随着测试的进行，我的测谎结果顺利通过。我知道隔天还会有其他人员被派来重复测试。几个小时的时间里，我要反反复复测试好几次。测试结束后，我如释重负。

为情报部门工作最大的好处在于，你基本上会成为测谎侦探。可能不需要我说，你也明白这是一项尤其有用的技能。我们都想要相信生意伙伴、雇员、邻居、朋友和那些与我们的孩子打交道的人。可能在与承包商合作中，或是在一场重要的商务谈判中，直觉告诉我们，不要相信这个人说的话。我们该如何检验直觉对于某人可信度的判断呢？好在有一些简单的技巧，可以帮助我们判断某人是否在撒谎。

人类都是蹩脚的撒谎者。我们的天性就是如此。我们的大脑每秒钟要运转百万次，不等谎言出口，我们就已经释放出许多细微的线索，表明所说并非实情。

人们在撒谎时，并不会表现出我在本章中所提到的所有特征，重点在于学会观察，当这些特点出现时，你能注意到。如果表现出许多这样的行为特征，那么这个人可能是在撒谎。

我高二时发生的一件事就是个很好的例子，能证明撒谎者的一些典型特征。当时我约会的女孩刚同校足球队的后卫防守男友分手。那家伙很强势，不爽我和他前女友约会。有个情况要重点强调一下，我当时骨瘦如柴（倒也不是说我现在就有多强壮），要是打起来，那家伙轻轻松松就能打败我。有一天下午，我在女孩家玩，这位前男友也开车来了。女朋友一时手足无措。她手忙脚乱地让我躲进一个壁橱。她让后卫进门了，对方想知道有什么情况。女孩告诉他没有人，但后卫不肯相信，一个接一个地打开家里所有的柜门查看。我正躲在壁橱中瑟瑟发抖时，他打开了门。我以为肯定要完蛋了。后卫看着我说："哦，你好啊杰森。你躲这儿干吗呢？"在检验撒谎与否之时，对峙的前三至五秒至关重要——那是大脑疯狂运转，以保持跟上我们撒下的谎言所需要的反应时间。那家伙问起我在做什么的时候，我吓得

> **人类都是蹩脚的撒谎者。**

结结巴巴。过了几秒，我说："我喜欢学校一个女生。我来是想取取经。躲在这里是因为很尴尬，我不想被别人知道……所以请不要告诉别人。"我像是疯了一般东拉西扯，因为是撒谎，我的大脑正忙着编造理由（好奇结果的话，那后卫信了我）。

我高二时的这个故事中包含了几条撒谎者的常见特征。在对峙的前几秒钟，我结结巴巴，那是因为我必须编造谎言。如果是说实话，没有什么值得隐瞒，那我就不会口吃，回答也不会迟疑——我会立即给出答案。不过我很幸运，那个后卫信了我编的荒谬故事，如果他稍微了解一下撒谎的基本信号，我当时的下场可能就会很惨。

★ 建立基准线

直接切入正题，给你个行为清单好对照着查询某人是否在撒谎，这个主意虽好，但关键在于，如果不花时间建立基准线，这些可能根本没用。中情局也好，其他情报特工也好，没有人会等你一落座、刚接好电线，就抛出"你吸过毒吗"或是"你替外国政府工作过吗"这样的大问题。相反，正如我之前提及的，他们需要建立基准线，会询问一些基本问题，有关你的个人情况，甚至是类似"这个房间里的地毯是绿色的吗"这样简单的问题。这些小问题我明显会如实回答，一旦中情局得出我此时的呼吸频率、脉搏、血压和排汗率，他们也就掌握了我的基准线。那么在回答其他复杂问题时，我如果撒谎，他们就能轻松发现。

★ 人的基准线是什么

想真正检验某人是否在撒谎，你需要熟悉他们每天的正常行为。如果不了解此人的正常行为状态，即便他们表现出一些撒谎信号，你也不会发现。如果因为某人“表现出坐立难安的样子”，你就判定他所说的在停车场不小心剐花了你的车子是撒谎，那你可能完全判断错误。这个人可能平素就焦虑不安，不可能刚认识一个人十秒钟就建立起判断标准。不过，如果遵循下列策略，基准行为是可以相当迅速且轻松地建立的。

★ 策略一：让他感到舒适

在电影和电视中经常看到这样的场景，警察或罪犯靠折磨人来得到答案。但在现实生活中，最好的办法是，确保你想要建立基准线的对象处于舒适状态。我一定会让他在沙发上坐下来，问他要不要喝杯水。通过这样的方式得到的基准行为判断会更加精确。反之，在一百华氏度高温的室外，双方都大汗淋漓的不适状态下，我是不会判断一个人是否在撒谎的；如果我非常了解一个人，清楚他害怕某样东西，我也不会去判断。如果知道对方恐高，我不会在帝国大厦的楼顶尝试判断他是否撒谎；如果我知道某人怕狗，我不会在判断的时候把狗牵在身边。

★ 策略二：询问他已知的问题

在尝试建立某人的基准行为时，我会问一些他已经清楚答案的问题。想一些此人没有理由撒谎的问题。举例来说，你可能知道同事曾经在梅西工作过。那就问他："你在梅西工作过吗？那工作怎么样？"因为这种简单问题，他没有必要撒谎，因此你就能得到一些准确的线索，了解此人在说真话时的状态。

★ 策略三：仔细观察

在他回答这种无害问题时，你需要仔细观察，由此来发现他所有的特殊习惯或行为。在脑海中记住他回答问题时做过的所有事情，用以作为基准线。此人在策略一和策略二中表现出的所有特殊习惯，你都需要观察和注意。下面是一些常见特殊行为的例子：

轻轻跺脚

玩头发

咬指甲

不同寻常的面部表情

眼睛向下看

叹气

清嗓子

玩衣服（整理领带、衣领、袖子等）

如果能够注意到人们在说真话时的特殊行为，那么他们撒谎时的行为变化就更容易察觉。

★ 撒谎时的行为

现在你已经花过时间观察对方，掌握了他的行为标准，可以开始询问与你怀疑的谎言直接相关的问题了。重点是应该明白，撒谎的人不会表现出我在本章中谈到的全部行为特征。如果有人表现出这里列出的一项特征，那并不能说明他就在撒谎。你需要寻找的是一组行为特征。此人是否表现出好几项信号行为？如果出现了一组信号行为，而且你已经观察过它们不属于此人的基准表现，那么他很可能是在撒谎。

★ 开始的三至五秒

正如我所说，如果有人在撒谎，在被问到与谎言相关的问题的前三至五秒内，他可能会表现出一些信号行为。这人可能出现结巴，或者无法陈述清楚。在回答问题时，他可能会在细节上磕磕巴巴。这是因为，大脑要为刚刚说出的话编造谎言是需要时间的。如果你问手下的雇员："你知道谁拿了收银机里的钱吗？"一定要重点观察，此人在三至五秒的窗口期做何反应。

★ 不直接回答

内疚之人不会直接回答你的问题。

内疚之人会先列举所有你应该相信他的原因。他会开始讲述自己的所有优点。你可能会听到他曾经是鹰童军……或者他曾是帮助流浪汉的志愿者。虽然鹰童军和志愿者都很棒，但它们并不能代替真相。诚实的人会直接回答你的问题，而不是告诉你他的所有善举，以此来说服你相信他。

★ 宗教

正如鹰童军并不能证明诚实，宗教信仰也不能成为信赖标准。我们经常见到撒谎者企图以宗教信仰为借口，来说服你相信他。在美国广播公司电视节目《创智赢家》上与戴蒙德·约翰合作过之后，许多人找我进行各种洽谈。有一次，我要对方向我展示我们正在谈论的合作的一些数据。对方没有回应我的要求，而是一直重复："杰森，我是基督徒。你可以相信我。"这就是危险信号。如果他够诚实，他就会回应我的要求。

事实上，我刚好是摩门教徒。在拿到《创智赢家》的合作案时，约翰想查看我的纳税申报单和出过的书，以便确定我提供的事业信息的准确性。如果我说："戴蒙德，我是摩门教徒，你不必看我的书。你可以信任我。"那简直是疯了。我不关心你信仰什么宗教。如果潜在合作者要求看你的书，而你又是一个诚实的人，那么唯一答案就是："没问题。"

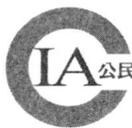

★脚

许多人认为我们可以靠观察面部来识别谎言——一闪而过的面部表情，嘴巴或眼睛的动作会透露撒谎的迹象。但事实上，我们的双脚比脸泄露的信息更多。如果和对方坐在桌边或沙发上，当你问起一个有潜在威胁的问题时，他的双脚开始抖动，那么他可能是在撒谎。换句话说，如果他的双脚本来纹丝不动，但当你问起丢失的钱的时候，却开始晃动或颤抖，那么他很有可能在撒谎。在其他情况下，双脚也会泄露信息。双脚会自然而然地指向它们想要前往的方向。举例来说，当你在派对上和某人谈话时，如果他的脚指向门外，那么从某种程度上说，他很可能是想离开。报关代理人被训练要观察人们的双脚。诚实的人在通过机场海关之际，面对报关员时他们的双脚也会直指此人。诚实的人不会心怀愧疚，或者看起来有所隐瞒。如果一个人明明和报关员说着话，双脚却没有指向对方，那么报关员就会知道此人可能在撒谎。毒品走私犯，或者是有所隐藏的人在通关时，双脚会指向最近的出口。

双脚比脸泄露的信息更多。

★僵硬

把僵硬看作一种和乌龟缩进壳里一样的动作。常见的情况是，心怀歉疚的人会减少活动，身体僵硬。这是最大的指示动作，可以由此判断某人是否在撒谎。我经常坐飞机，有一次我闻到一种非常恶心的味道。显然是飞机上的某个人放屁了。我环顾四周……想知道究竟是谁干的。我注意到其余的人也都在四处张望，怀抱着同样的疑问，只有左边前排的一名乘客除外。他坐在那里浑身僵硬，而其余的人都在东张西望（那才是正常人该做的）。这个人纹丝不动，很显然他就是当事人。

★ 过度盯视

眼睛当然能为一个人是否在撒谎提供线索，但并非你所以为的必要证据。许多人认为人们撒谎时会目光下垂，但也有许多其他原因会让人们向下看。如果你刚接手一份新工作，而公司的首席执行官把你叫到他的办公室，询问他桌上丢失的文件夹的事，你很有可能不由自主地低头向下看，因为地位差距悬殊。这种场合很吓人，向下看是自然之举。其实，撒谎的人更容易死死盯着提问的人。撒谎者会死死盯着你，以期通过直接正面的目光接触来证明他的清白——努力地想要说服你，他说的是事实，但这并非人们的正常行为。

还在中情局上班时，有一次我出国度假。中情局工作人员旅行或因私出行时，在通过异国海关时肯定不会说自己的工作单位。到达海关柜台时，工作人员大动干戈提了好多问题，我回答："在华盛顿特区博物馆工作。负责保安，给人们指路，帮忙找找方向。"在回答海关工作人员问题的时候，我强迫自己不要死命盯着她看，不时转转目光，时不时地还低低头，这样对方就不会疑心我说的话（结果奏效了）。

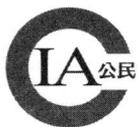

★ 过度反应

撒谎者与人对峙时，很容易过度反应。他们的目的是击败你——让你为竟然质疑对方而感到荒谬。通过过度反应，他们让你再也不会提出质疑。举例来说，我经常被问到丈夫出轨的事。有一次，一位女士在丈夫手机上发现一些罪证，她问我该怎样确认丈夫是否真的出轨。她坚称丈夫不可能出轨，因为他们的婚姻非常美满。我建议她同丈夫对峙，直接说出找到的证据，看看丈夫做何反应。第二天她打来电话，激动万分地告诉我她丈夫并没有外遇。她解释说，丈夫因为她的暗示而大发雷霆，并且因为她的不信任而非常伤心。不幸的是，这其实是严重的红色警报。如果你已婚，而且并没有背叛妻子，当她指责你有外遇的时候，你并不会突然失态。如果你并没有出轨，那么你完全没有理由生气，更不会大呼小叫，完全失去理智。这位女士最终还是找到了丈夫外遇的确切证据，当时她很惊讶我竟然早就知道。所以下一次当你问别人问题时，他突然异常激动，记住，这表明他可能在撒谎。

★ 提出减轻惩罚的人

不用惊讶，愧疚的人更倾向于减轻惩罚，所以询问愧疚的人对于惩罚的看法会很有用。无辜的人倾向于对过错方适当或加重惩罚。他们会觉得，工作中偷窃的人应该被炒鱿鱼或者被送入监狱。最近我听说过这样一件事，有人擅闯餐厅盗走四千美元。在查案过程中，警察向所有雇员发放了调查问卷，其中问到该怎样处理偷钱的人。一位老雇员的回答是：“人都会犯错。应该告诉他们下不为例。”注意，这句话是一个愧疚的信号，警察与此人对峙，后者最终认罪。

★ 不直接回答

撒谎者通常不会直接回答你的问题。他们想要掩盖愧疚之心，会绞尽脑汁回避提问。我两岁大的女儿超爱她的卷心菜玩偶，但妻子不喜欢她睡觉时也玩。我女儿会因为和玩偶嬉闹而不睡觉。一天晚上，女儿正高高兴兴地和玩偶玩耍，但我知道必须在她上床前拿走。我一拿走玩偶，女儿就开始大声哭闹。我该怎么办呢？我还了回去，因为忙了一天，我累惨了，想赶紧睡觉。但妻子立刻起了疑心，问我有没有收走玩偶。我没有回答问题，而是立即反问：“你说什么？”这种不正面回答问题的行为就是一个强烈信号，说明我在撒谎，我把玩偶又还给哭喊不停的女儿了（因为我碰巧开过这种玩笑，所以回答妻子的问题时，就被她发现了）。如果你怀疑的人通过反问来回答问题，或者根本就拒绝回答，这就是另一种暗示，说明他可能正因为撒谎而愧疚。

★ 摇头

人们摇头可能是撒谎的信号，这一点可能更难发现。简言之，如果你向某人提问，而他的回答是真话，那么他的头部会在说话之前移动。

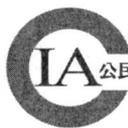

如果他在开始回答之后才点头或摇头，那么他可能是在撒谎。在著名

的 TED[1]脱口秀《如何识别谎言》中，帕梅拉·迈耶通过前总统竞选人约翰·爱德华兹的一次访谈证明了这一点。那次访谈提到了爱德华兹与婚外情对象所生的孩子。爱德华兹动情地告诉采访者，他愿意接受亲子鉴定。迈耶向我们展示，在整个访谈中，爱德华兹一直在微微地摇头。而他口中说出的话语与摇头动作完全相反。虽然难以发现，但这个信号说明爱德华兹没有说实话。

① TED：指 technology、entertainment、design，即技术、娱乐、设计。是美国的一家私有非营利机构。

10

隐身术

如何不留痕迹地消失

米歇尔·克雷默醒来时发现丈夫不在家，因此非常担忧。她希望丈夫马克——芝加哥地区一位成功的外科医生——只是出去跑步了。米歇尔注意到，丈夫最近一直魂不守舍，因为他正面临治疗失当的诉讼案而倍感压力。马克甚至曾问过米歇尔，是否愿意搬去欧洲过“更简单的生活”，这也是在他消失时，他们一直住在希腊一艘游艇上的原因所在。马克没有回到船上，米歇尔开始怀疑他是有意离家出走。马克与米歇尔经历了一场龙卷风式的恋爱而结为夫妇，之后两人一直过着奢侈的生活。他们购买了私人飞机前往希腊和意大利度假。等米歇尔最终返回家园时，她发现原本精致的生活都随着丈夫的失踪而消失了。两人的银行户头中一文不剩，而且马克一直在为大量的病人做手术，以快速挣钱。他面临超过三百起治疗失当的诉讼指控，两人欠下了六百万美元的债务。五年之后马克才被找到——是在阿尔卑斯山最高峰勃朗峰顶上的一座帐篷中发现的，那里有罐头食品、衣物和其他生存装备。他是因为未交房租而被捕，他在附近的一个意大利小镇上租了间公寓，时不时会去住。奇怪的是，马克租公寓竟然用的是真名，于是一欠费，房东就报了警。马克·克雷默选择消失以逃避自己制造的大量麻烦，而不幸的是，许多无辜之人选择消失是因为实在走投无路。经过非常谨慎的计划制订和实施，是可以做到不留痕迹地消失的。我当然不是建议你也去尝试，但是经常有人问起该怎样做。下面具体介绍。

★ 基本要点

虽然可能做到，但消失仍然非常复杂，且压力重重，需要周密计划。如果你真的觉得保命的唯一方法就是永远消失，那么要明白长期消失的精神负担是很重的，而且对逻辑思维的挑战也很大。因此我认为消失是最不应该选择的方式。只有限制令、警察保护、法律救援以及其他类似方法都无法达成满意结果之时，消失才是你最好的选择，但很有可能，这条信息更多涉及的是“谁知道”，而非“在家中尝试”。任何人哪怕只是随便想到这个方法，在实施之前都应该慎重考虑，这是不言而喻的。行动之前应先考虑下列问题：

资源：如果准备消失，你需要大量现金。消失意味着只能用现金支付公寓租金，购买食物、衣物和其他生活必需品。你将再也不能使用信用卡。

家人与朋友：显然，朋友和家人会因为你的消失而难过和担忧。虽然可以同亲密的家人保持有限联系，但必须减少到最少，而且情况复杂。

法律后果：根据你生活的地区不同以及债务情况，或者以你的名义进行的保险索赔状况，你的消失可能会违法。

独自离开：如果无法独自离开，消失会更难。与爱人一同消失，其难度超乎想象。多一个人存在，最终被找到的概率会更大。

你的对手是谁？正如我说过的，消失是最不应该考虑的方法，只有当它是你生存的唯一可能时，才应该实施。如果是躲避虐待狂配偶或男友，你需要考量他的资源。他会付出多大代价寻找你？如果是想逃脱政府的控制，那么你面临的局面完全不同。事实上政府有取之不尽的资金可用来追踪你，而且与政府对抗所需要的水平，绝大多数人都不可能达到。

★ 消失：三步走

可想而知，再没有比消失更难的事情了。到处都有我们的踪迹。手机能随时准确定位我们的地点，还有信用卡、银行账号、社保账号、社交媒体账号以及其他数不清的事情都能引导人们找出我们的行踪。哥伦比亚广播公司新闻部称，无论何时都有多达两百个监控摄像头在监控你——银行、任意的街角、体育场、国家纪念区，甚至包括公园都有监控摄像头。你几乎不可能摆脱它们。综合上述所有原因，如果想不被发现地消失，以下三个步骤至关重要。

★ 步骤 1：误导

误导听起来容易，实则非常耗时，而且要求极为精准。误导就是有意操纵各大公司掌握的关于你的信息。如果打开钱包，你会发现，每一张信用卡、会员卡、常飞旅客卡都保存有你的信息。每次购物，信用卡公司都有交易明细。手机或住宅电话的每一次通话都有记录。你可能还觉得自己过得很隐蔽和谨慎，但是除非你没有电话，完全靠现金生活，不然你的信息都会被掌握。要开始误导行为，首先得对你所有的账户进行小的修改。这个过程相对轻松，只用几小时就能完成。拨打你所有账户和会员信息的电话，对信息稍加改动以使一切作废。不必要大幅改换信息（步骤 2 中会告诉你原因）。举例来说，打电话给银行，更换掉登记的住宅电话，打电话给维萨卡公司，把手机号码换一个数字，等等，直至改换你拥有的全部账户和会员卡，包括报刊订阅、公共事业、常飞旅客卡、健身房会员在内。

除了改掉所有信息之外，你还应开始在日常生活中发出误导信息。举例来说，下次去干洗店时，说一句你要关停账号，因为要迁居夏威夷了。下次去理发的时候，提一句你要搬去佛罗里达。下次登录Facebook账号时，发送要搬家去亚拉巴马的信息。

其目的在于发送大量错误信息，这样就没有人知道你的真实动向，你的行迹马上就变得难以追踪。

★ 追踪者：他们会寻找你

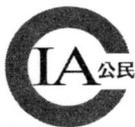

追踪者即受雇来查找失踪者下落的人。追踪者可能是讨债人、赏金猎

人、私家侦探。如果前夫真想找到你，他可以雇用追踪者。如果你身欠巨额债务“弃城而逃”，那么他可能雇人追踪你。有许多专业追踪人士，他们擅长此道，但只要有坚韧不拔的毅力，再辅以基本技能，所有人都能做到。追踪者一般从搜集信息开始，要尽可能多地搜集他要追查之人的信息。然后对信息进行分析、核实，以得到有关该人下落的线索。如果关于此人的信息众多，那么很有可能互相矛盾，这时追踪者就必须分辨其准确性。

追踪者还会动用多种策略，从他人入手刺探你的信息。来自得克萨斯州的米歇尔·戈梅斯身高四英尺十一英寸，重一百磅，却被认为是“世界最佳追踪手”。戈梅斯曾经需要查找一个由秘鲁人接手的卡特彼勒公司的轮式装载机车队，她是怎样做的呢？首先，她找到接手车队的家族族长，与族长妻子联系，假称怀了她丈夫的孩子。策略奏效了，她获取了所需信息。追踪者也会使用托词。记住，托词是社交工程的一种，即人们以虚假动机为借口来套出某人信息。追踪者可能会假冒你给银行打电话。他们会说：“嘿，我没收到这个月的银行对账单，您能跟我确认一遍地址吗？”银行职员会详细回复：“没问题。我们是寄到锡卡莫尔街123号。”于是追踪者就获取了你的家庭住址。尤其要警惕寻找托词的女性。将信息泄露给女性，人们似乎感觉更放心。如果是男性打来电话询问一个电话号码，人们可能会恐惧，从而不愿据实相告。但如果是女性，情况可能就不同了。我有一次需要从记者处打探信息。我知道此事于我而言不会容易，于是便找来一位美丽的女性朋友帮忙。她不仅得到了我需要的信息，还被要求约会（但对方已婚，她拒绝了），这个故事就证明，我们的社会是多么容易对女性卸下防备。

★ 步骤 2：虚假情报

如果想避开追踪者，虚假情报至关重要。提供虚假情报的目的在于操控别人。你希望他们疑心真相。哪条情报值得相信呢？如果想让追踪者异常忙碌，你可以编造不同的虚假情报。他们必须追查每一条情报，最后发现没有一条能找到你。出于消失这一目的，你的目标应该是扩散关于你以及你即将前往的目的地的虚假情报。

★ 调查新城市

如果你目前住在密尔沃基，但想要消失，你可以制造即将迁往亚利桑那州的假象。该怎么做呢？飞往亚利桑那州，就像你真的要搬家的样子。去寻找公寓和房子。去签订租约。你得让追踪者向你前夫或不管出于何种目的的雇主汇报“亚利桑那州的某某物业公司来调查过你的信用”。你可以租用邮政信箱，将包裹或邮件投递过去，或者甚至租下住所（当然，这需要相当的经济实力）。底线在于，你得在新城市留下踪迹，而且需要尽量将其打造得有说服力。如你所见，发送虚假情报工程量很大，因为你必须前往该城市，而且做好真正前往此城市需要做的一切事宜。

★ 步骤 3：改头换面

你可能很快猜到，如果想逃离在密尔沃基的前夫，你不能真正搬到亚利桑那州。在设置好邮政信箱，让亚利桑那州的租赁中介核查过你的信用之后，你将前往的是完全无关的城市。举例来说，你假装即将搬往菲尼克斯，但实际要去的却是费城。你该怎样去真正的目的地？你不能乘飞机，不能选择任何会被追踪到的交通方式。你可以乘坐汽车和火车，一路换乘前往费城。先停靠在芝加哥，然后是匹兹堡，甚至绕路去一趟纽约，最后再向西前往费城。

★ 现金

著名犯罪头子怀迪·巴尔杰曾逍遥法外十六年之久，在加利福尼亚州的圣莫尼卡，他在与凯瑟琳·格雷格合租的公寓墙壁里藏了八十二万二千一百九十八美元现金。他伪装成清白的退休人士，以现金按月租赁尤金妮亚公主公司的公寓。房东从未起疑。计划消失之时，最好一切都以现金为基准来准备，原因显而易见。这一点当然非常难，但如果想玩失踪，那么必须找到方法，不用信用卡、身份证和社保账号。预付信用卡在以前是个很棒的选择，但现在美国政府会追踪一切信息，所以现金是确保不留下任何踪迹的唯一方式。如果需要额外的现金，你只能秘密打工，例如去夫妻店小餐厅，甚至是建筑工地。

★ 和总统一样，你再也不能驾驶

当埃伦·德杰尼勒斯采访前总统比尔·克林顿，问他过去作为普通人的日常活动中，最想念哪一项时，克林顿脱口而出："开车。"在通用汽车公司驾驶雪佛兰沃蓝达行驶十英尺远，奥巴马总统就称之为"快乐兜风"。而这两位总统都出了名地喜欢驾驶高尔夫球车。驾驶是我们绝大多数人视作理所当然的自由权利。我们每天都驾驶，完全不会想象如果再也不能开车了该怎么办。但如果你计划消失，那么你必须同驾驶说再见，而且不得不选择一个靠步行或乘坐公共交通工具就能获得补给的地区生活。因为被迫靠边停车太过危险。一旦出现此种情况，你基本上就已经被发现。

正是一次醉驾被迫靠边停车，导致一名潜逃五年的通缉犯被捕。指纹查证表明，维加斯警察拦截的这个家伙，实际上是一名涉案金额一亿美元的非法传销案通缉犯。驾驶一定会被抓，因为太容易被交通违章或是小事故拦在路边。

★ 需要打破的习惯

习惯所透露的信息比我们以为的要多。举例来说，周围的人很容易发现我是一名枪支爱好者。如果我不得不消失，我知道不能去射击场和当地枪支商店，因为人们首先就会到这些地方找我。在搜捕怀迪·巴尔杰的过程中，当局尝试过利用这对夫妇对动物的喜爱作为线索，询问过当地兽医。所有认识你的人都了解你的喜好，你需要谨慎放弃你最喜欢的一些活动，以保持失踪状态。如果前男友知道你每天都会去附近的瑜伽室，那么他可能会希望在某一家堵到你。这是改头换面时最大的挑战——切实将自己转变为另外一个人。因此非常重要的一点在于，每当你从事之前爱好的活动时，你都要记着，这样会给寻找你的人留下线索。

★通信：棘手，但并非无法实现

预付费手机

现如今通过固定手机进行追踪非常容易。当然，如果你计划消失，就必须扔掉手机。好消息是，有一种安全且不贵的方式，能同家人保持最小限度的联系。不过，这取决于你面临威胁的程度。如果是要逃离资源丰富的前任，我必须声明，最好再也不要碰手机或者联系家人。如果危险不是那么大，那还可以使用预付费手机。这个工具的方便程度令人难以置信，而且很容易买到。你需要的就是买一部预付费手机（用现金），顺带买一张足值电话卡。大型超级市场就有售。到柜台激活即可。不过要记住，商店店员询问你是否要将手机同邮箱或电话号码绑定时，要拒绝。手机激活之后，就可以安全呼叫家人。为了做到万无一失，我会时不时地更换电话——扔掉旧的。

砸掉手机

如果要摆脱的对象是黑手党、墨西哥毒枭，或者你非常担心前夫会伤害你，那么你再也不能碰手机。但是如果你坚持要同某人保持联系，而危险又严重得离奇，使用手机可能会让事态雪上加霜。此时，砸掉一部手机，再用第三部手机呼叫能够保证安全。此过程需要三部手机。下面是步骤：

1. 去商店买一部预付费手机（用现金），让他们帮你激活。

2. 换家店再买一部预付费手机。

3. 再换家店，再买一部预付费手机，这样你总计有了三部手机。

4. 将第一部预付费手机（一号手机）交给你坚持要保持联系的朋友或家人。一定要记下电话号码，这样你就知道该怎样与他们联系。

5. 为第二部手机（二号手机）设定来电转接，让其能自动转接到一号手机上。换句话说，如果有人拨叫二号手机，它会立即转接到你交给家人的一号手机。来电转接设置好之后，将二号手机砸掉。砸得稀烂丢进河里。

6. 用三号手机呼叫二号手机，来电会自动转接到一号手机上。我知道这有些费劲，不过你实际上等于是找了一个中间人，这样就没人能追踪到你（甚至包括美国国家安全局）。只是要记住，只能你呼叫心爱之人，对方不能呼叫你。手机要频繁更换，至少一个月换一次。

砸掉手机是形势万分危险之下才会使用的方法，我当然希望你永远也用不上。

电脑和社交媒体

希望不用我来告诉你，社交媒体不能用。追踪者米歇尔·戈梅斯告诉《连线》（*Wired*）杂志，她所追踪的人都明白，要想不被找到，必须努力消除电子踪迹。这就意味着你要远离电脑，只能在一开始使用Facebook账号发送错误信息。

消失的邮箱

如果计划消失，你需要远离电脑。但是如果威胁等级不那么高，有一种方法可通过一个消失的地址发送邮件。临时邮箱（Guerrilla Mail）提供有一次性的邮箱地址。你甚至无须注册。为你生成的电邮地址在你发送过信息之后一小时内就会消失。

★ 在伪装下生活：如何隐身

2003年4月，斯科特·彼得森在加利福尼亚州的拉霍亚被圣迭戈警察抓获，此时他容貌已变。彼得森漂染了头发和山羊胡。但他并不承认自己是有意伪装，而是声称头发是被朋友家泳池里的漂白粉染的。（更可疑的是彼得森被捕时随身携带的物件——一千美元现金，四部手机，家人的信用卡，野营器材和生存装备，兄弟的驾照。）彼得森的伪装糟透了，因为他不仅仍旧能被识别出身份，而且漂染成金色的发色甚至比他原本的头发更出众。伪装的目的是尽可能让自己看起来无聊和平淡，这样就不会在人群中太过显眼。

★ 换发色还不够

成功的伪装要做的不仅仅是让别人无法辨认你。伪装要彻底，你所携带的所有物品——从钱包到大衣口袋的东西——都是为新身份而服务。最有效的伪装会让你难以辨认。怀迪·巴尔杰和凯瑟琳·格雷格在人们眼中无非是一对“非常和善的老两口”。公寓大楼的住户称，夫妇二人会去海滩或公园散步，照看流浪猫。没有丝毫特别之处。这个例子很典型，他们基本相当于隐身了。当你消失之后以新身份生活时，这就是你希望达到的效果。你需要思考，该用怎样的工作和个性与之相搭配——爱好园艺的邻家主妇，拾荒者，当地餐厅服务员。你希望自己的身份无人能辨识，完全不被想起。

★ 六号工作室制作部：你是大名鼎鼎的好莱坞制片人

史上最成功的伪装也许要数中情局前官员托尼·门德斯（后来本·阿弗莱克曾在电影《逃离德黑兰》中扮演他）创造的那次。门德斯在中情局技术服务办公室有十四年工作经验，他接到一个任务，要于伊朗人质危机期间救出躲藏在加拿大大使馆的六名美国人。门德斯的特长就是通过“身份伪装”来救人于水火。他知道，无论采用怎样的战术，营救任务都必须不动声色地完成，他决定设计一个情境，好让这些美国人换上伪装身份，通过机场轻松登上飞机。思考过几个情境——诸如将他们伪装成教师或作物营养检测专家——之后，结局变得明朗，唯一行得通的方法非常疯狂。门德斯与好莱坞取得联系，建立起六号工作室制作部。此时，直接参与的工作人员都不知道“六”指代的是门德斯即将营救的人质数量。他计划将这六位人质伪装成前往伊朗勘察外景的团队工作人员。

任务执行必须看起来合法，所有细节都要兼顾。必须创作一个剧本，其中包含可能在伊朗拍摄的外景。他们为勘察团每名成员都设计了商业名片和之前拍摄过的电影名单。工作室的办公室（在好莱坞租赁）有多条电话线，其中有一条不对外公布，严格规定只能为中情局所用。《综艺》杂志上刊发了广告。六号工作室制作部开始接受剧本和拍摄任务——并被问到电影《逃离德黑兰》何时拍摄。制片人之一鲍勃·赛德尔帮了门德斯大忙，他甚至召开会议，听取其他制片人就制作部应该制作的项目发表意见。

到达伊朗之后，门德斯对那几名美国人解释了这个主意，并为他们发放新的加拿大身份证。他同加拿大政府联系，为他们制作新的护照和医疗卡。驾照和随意购物的收据也有准备。甚至连加拿大枫叶胸针也准备就绪。那几名美国人了解故事经过后排演了自己的角色。在前往机场的车上，科拉·里耶卡——美国驻外事务处工作人员，现在是“编剧特里萨·哈里斯”——再三检查自己的口袋，以防有任何能透露自己真实姓名的东西遗漏。经过惊心动魄的候机之后，这些美国人成功登上飞机，喝着“血腥玛丽”庆祝脱险。六号工作室制作部那条未经公布的电话线终于响了，提醒制作部，美国人质已经成功返回。

《逃离德黑兰》的故事异常复杂，但在这里，我想强调其中的一些基本概念，它们会对不动声色地脱逃还是被发现产生重要影响。

★ 了解你要扮演的角色

如果你的目标是消失，那么需要伪装的不仅仅是发色和服饰——你得改变自己的身份。在设想切实可行的新身份时，你需要考虑那些与你目前身份有所差异的选项。伪装成厨师也许可行——宣称自己是脑外科医生时要三思。如果你本身是律师，可以选择与此接近的身份。不要尝试伪装成水管工，尤其是如果你对该工种一无所知，对该类人日常随身携带器具毫无了解之时。在成立假制作部之前，门德斯先是飞往好莱坞会见过他所认识的该领域的部分人。他确定要营救的六名美国人质了解他们所担任的制作公司各岗位的工作内容。你也需要做些功课。

★ 找到基准线

希望你现在已经明白融入环境的重要性。无论你为伪装身份配备的是什么衣饰，在你所处的环境中都要合理。在得克萨斯州达拉斯戴牛仔帽司空见惯，但在芝加哥可能就是疯狂之举。环视四周，观察普通人都在穿什么。确保你的选择与大家一致，这样就不会惹眼。在拉斯维加斯教授特工逃生与躲避课程时，我做过一次有趣的练习。我们观察永利等高端酒店里人们的穿着，接着换到便宜一些的里维埃拉酒店。在后者中，牛仔裤、运动鞋和运动衫很常见。同样的衣着在永利夜总会的名流派对中就不会见到。女士们拿的是什么样的手袋？人们穿着怎样的外套？羊绒面料？雨衣？军用防水短上衣？也别忘了观察鞋子。鞋子也是伪装中的关键部分，这一点很容易被忘记。如果居住地区没人穿高跟鞋，那么就不要成为在杂货店里唯一穿高跟鞋的人。

★ 隐藏你最易辨识的特征

如果计划消失，你可能会后悔在大学时文的文身。任何易辨识的特征都需要加以伪装。你可能需要遮盖文身，甚至固定牙齿。如果谢顶，你需要一顶有说服力的假发。如果有痣，你需要将其去除。如果所有人都记得你好笑的眼镜，你需要放弃它，考虑换成隐形镜片。我们都有一些极具辨识度的身体特征。仔细思考你所有与众不同的特征，想办法降低其辨识度。

★改变体征

头发

有无数电影展示过人们通过改变发型来改变面貌。在《与敌共眠》（*Sleeping with the Enemy*）中，茱莉亚·罗伯茨为了摆脱有暴力倾向的丈夫，剪掉了赤褐色头发。在根据大热小说《消失的爱人》（*Gone Girl*）改编的电影中，艾米·邓恩将发色染得更深，且剪到下巴长度。看似微不足道，但改变发型其实是改变容貌最简便快速的方法之一。变换发型，染色，尝试假发和接发。对男性来说，改变发型可能更难，但你可以改变胡须的形状，由此改变容貌，甚至还有更好的办法——全部剃掉。

体形和体态

你会惊讶于体形、身高和体态对于容貌的重大影响。改变体态，注意保持懒散的样子，或者区别于惯常身姿。最后，减肥或增重也能帮助降低辨识度。

★放弃平素风格——永久地

如果城里所有人都记得你总是身穿绿湾包装工队的T恤衫，头戴棒球帽，你需要放弃对该球队的热爱。如果过去二十年来，你每天都脚蹬运动鞋，身穿T恤衫和牛仔裤，那么换成卡其裤和马球衫就可以甩掉人们的视线（不过前提是得符合你新身份的基准）。另一方面，如果你是个“西装男”，可以换成短裤和肥大的衬衫。要想进一步伪装，还可以改变服饰的松紧程度。如果你平素喜欢宽松服饰，人们可能完全不知道在这松垮服装之下的你实际上高挺而瘦削。

★ 建立伪装工具箱

如果想要消失，你需要搜集能隐藏个性的物件。下列物品能帮助你伪装新身份：

假发

假胭须、山羊胡和痣

临时文身

太阳镜

帽子和棒球帽

非近视眼镜

假睫毛

夹式耳环

假的穿刺饰品

适合你要扮演的角色——嬉皮士、保守商人、运动狂热分子（最好微妙一些）——的服饰

隐形眼镜

化妆品

接发

婚戒（如果想扮演未婚者，需要提前取下婚戒，以便让手指上的凹痕有时间消失）

首饰和手表

★ 在逃伪装

如果在某一时刻需要摆脱盯梢逃跑，你可以轻松地伪装自己，避免被监控摄像头察觉。仅需要一顶帽子、一副太阳镜和一些平时不常穿的衣服就能摆脱盯梢。

★ 口袋垃圾处理术

科拉·里耶卡是伪装成编剧逃离伊朗的女性人质之一，她搜查过口袋，寻找可能泄露真实身份的证据，此举是正确行为。口袋、手提袋和钱包中的物件，是伪装时需要注意的重要部分。如果检查口袋、手提袋、钱包或车中物品，可能会有一些东西泄露你的部分信息。喝空的星巴克杯子表明你喝咖啡，书店收据表明你喜欢阅读，如果车中地板上有金鱼饼干碎屑，那么你一定有小孩。在计划伪装之时，你需要思考你将变成的身份可能随身携带的物品。如果我打算变身电影制片人，我可能会携带手机、商务名片、时髦餐厅的收据。如果是建筑工，我需要螺丝刀、美工刀、商务名片和钉子。伪装要彻底，无论何时都要携带相匹配的物品，这一点很重要。

★ 身份证明

在众目睽睽之下消失的最大挑战在于解决身份证明的问题。我已说过，真正的消失意味着放弃涉及政府发具的身份证明。你不能再乘坐飞机和驾驶。再强调一次，这些问题在你开始采取消失行动之前就要仔细考虑清楚。下面是我认为所有人都应该了解的有关身份证明的附加信息。

★ 永远不要使用“政府发具的”假身份证

如果打算消失，找个人帮你伪造护照或驾照很有诱惑力。需要知道的是，一旦走出这一步，你便会被捕。要伪造政府发具的身份证，难度无法想象。全息图和磁条让身份证几乎无法伪造。你可能被网络信息吸引，但那是骗局。如果你用五百美元换取加利福尼亚州的伪造驾照，我敢保证，钱一定会打水漂，而且证件永远也拿不到。这种行为也不合法。

★ 公司身份证明

我曾经受雇做一幢大楼的穿透工作。如果看过《潜行者》（*Sneakers*）一片，你就知道该工作是做什么的。基本来说，我的任务就是试探，看看进入一个我不该出现的地方有多容易。每次干这事，我都会亲眼看到，人们对于公司身份证明的习惯程度有多高。有一次我试图进入一个会议。我需要做的只是用小绳做一个身份证明，便宜简单。我径直走向保安，打招呼说："嘿，今天看起来有罪受了。"对方基本都会回答："是啊。"看看我的"公司身份证明"，然后就放我进去。我做的身份证明卡奏效了，不过我也表现出我应当出现在此的样子。我接近保安开始寒暄。我没有四处躲躲闪闪，紧张不安，表现出自己不干好事的样子。

你当然不想做任何违法的事，但是如果你内心的特工精神想要你拿公司身份证明来找些乐子，那么你所需要的只是一些便宜物件，外加一点时间。我也要强调，在查证对方身份及出现原因之前，永远不要轻信陌生人的公司身份卡。如果有联邦快递员带着包裹，或者任何公用事业公司的人找上门来，先找到对方公司的电话，拨叫核实（自己找到对方公司的电话号码，这点很重要）。

在查证对方身份及出现原因之前，永远不要轻信陌生人的公司身份卡。

★ 你内心的克拉克·肯特/超人精神

我已经说过，我希望你永远也不用消失。但万一你确实需要伪装，你可以从一个不太可能的角色身上吸取灵感，那就是纳威·贝克，一位来自得克萨斯州的顽皮的摩门教少女。贝克用害羞安静来描述自己的性格。她甚至在塔可钟餐厅点墨西哥卷饼都不好意思。但贝克同时也自比超人，一旦换上伪装就能力量大增，所谓的“伪装”就是指一套大型老虎戏服。贝克是吉尔伯特高中老虎足球队备受宠爱的福星。美国国家公共电台的节目《美国人生》这样描述贝克和她的能力，称她一旦换上戏服，她的个性会完全改变。贝克穿上老虎戏服后，就变成了一个“无所畏惧”的人。乔装打扮后，这位少女据称“威风凛凛”。贝克身着伪装之时，甚至能够侧手翻——此技能她在平常状态下完全难以想象。你可能并不希望拿一个自称难为情的少女来给那些想要掩饰自己真实身份的人做例子，但她这种转变性格的能力正展现了伪装的最大效用。

11

行车安全

劫车是如何发生的

大约五年前，我驾车穿越巴尔的摩城。时值一场暴风雪后，路上几乎看不到其他任何车辆。我开过一条狭窄的城市街道，两边房屋鳞次栉比。突然一个家伙朝我的车冲过来，想要打开车门。但因为我总是注意锁好车门，所以他没能做到。我立即加速，将视线转回前方道路。车前站着一个女人试图拦车。拜我所受过的训练所赐，我得以转弯绕过她逃走。加速逃走的途中，我观察了后视镜，大约有十个人冲上街道，试图追赶我的车。我很幸运地得以逃生，但不是每个人都能有如此结局。

圣诞节前几周的一个周日晚上，约九点钟的时候，三十岁的达斯廷•弗里德兰和妻子杰米在新泽西州一家高档商场购物完毕准备返回路虎揽胜。弗里德兰先生为妻子关上副驾的车门，这时突然有四名男子冲上来。一番搏斗后，弗里德兰先生头部中弹（后来在当地医院被宣告死亡）。妻子被其中一名男子强迫着下了车，劫匪驾车逃离现场。劫匪最后将汽车丢弃在纽瓦克市附近。事实证明，参与劫车的四名男子曾有过严重的犯罪史，曾因多次盗窃和毒品交易而入狱。

田纳西州情节最严重的犯罪案件之一也是以劫车作为开端。克里斯托弗·纽森和钱农·克里斯琴约会过数月之后，终于决定外出就餐。但事后两人均未返家，他们的家人打电话报了警。警察很快得到报告，一名铁路工在诺克斯维尔城外几辆卡车边发现纽森的尸体。后来克里斯琴的尸体也找到了。当局将案情一点一点拼凑完整，发现这对情侣是在一座公寓楼停车场遭到劫车。虽然绝大多数遭遇劫车的受害者下场不会如这对年轻情侣那般惨烈，但劫车是严重犯罪，你必须准备好防范。

★ 严重威胁

劫车究其本质而言，是一种严重的汽车盗窃，可能危及生命，也是美国当前增长率最快的犯罪类型。如今的汽车越来越难以突破进入，但结果是，罪犯也更容易使用武力强行将车盗走。我想要你了解下列有关劫车的数据：

77% 的劫车案涉及武器，大部分是枪。

87% 的劫车案由男性进行。

54% 的劫车案肇事者有两人或以上。

劫车者大多数是二十九岁以下的男性。

大多数劫车案发生在夜间或深夜。

大多数劫车案发生在都市，其次才是郊区和乡村。

63% 的劫车案发生在受害者家五英里之内。

劫车多数发生在周日夜间。

我必须直言指出，成为劫车受害者是一次可怕的折磨，但有一些简单的方法可以保证行车安全。

★ 安全行车的基础

在进入安全行车中更刺激的部分之前，你需要意识到，有些简单得令人难以置信的策略就足以拯救你的生命。我知道下面即将告诉你的事情听起来都简单得如常识，但你会惊讶，竟然有如此多的人都没能做到。我要说的事情都应该被作为第二天性，例如，系好安全带。

★ 锁上车门

在休斯敦，一位女士在等红灯时遭劫。警察局副局长对当地报纸称，罪犯“打开车门钻了进去”。上车后，这名武装罪犯命令该女士将车开到一家废弃餐厅，在那里，他命令女士下车。车子后来通过安吉星系统上的全球定位系统被追踪到。所以如果你还没做到这一点，那么请养成习惯——上车后立即锁好车门。

★关上车窗

西雅图地区一名男士很后悔未关车窗，当时他正坐在停着的汽车中等妻子。他玩着 iPad，但很快就放回车座之间，闭目养神。

片刻之后，他感觉有什么东西在触碰他的腿。原来是一个十几岁的男孩将手伸进车窗，偷走了他的 iPad。

显然，打开车窗闭目养神不是个好主意，不能为任何人打开车窗更是至关重要。夜里十一点左右，丹尼（一位不愿透露真实姓名的二十六岁的企业家）把车停在路边回短信。一辆车紧随其后转弯踩下刹车。车上走下一名男子敲敲丹尼的车窗，不幸的是，丹尼决定开窗看看男子有何贵干。此时，男子把手伸进车内打开车门。他钻进车子，还举着一把银色手枪。这不是一起简单的劫车案——劫车犯是当时正被通缉的波士顿马拉松爆炸事件制造者。丹尼被要求开车，等时机成熟，他立即采取行动。那时车停在一座标有“只收现金”的加油站。趁年轻劫匪进门交款，丹尼解开安全带打开车门弃车而逃。他冲进街对面的加油站，藏身库房，请求工作人员拨打 911 报警。

丹尼的故事虽然并不常见，但停车等红灯时，或是停车时不关窗很容易成为攻击目标。开窗驾驶，或是打开车窗同陌生人讲话，会立刻将你的薄弱面暴露在抢劫犯或劫车犯的眼前。抵制诱惑，不要开窗行车。不值得。

★给车熄火

生活很忙碌，很容易觉得不过是快速冲进商店办个急事，或是跟朋友聊两句，车子不熄火也无关紧要。明尼阿波利斯市的一位父亲从中吸取了惨痛的教训。他当时在加油站遇见一个熟人，于是下车说两句话，车子未锁，两岁大的儿子也留在后座。突然，有人冲进车子，急速驶离。幸运的是，警察很快就追踪到该车，熟睡的孩子也安全无恙。科罗拉多州斯普林斯市居民曾见过大量汽车没熄火而被窃的案件，当时他们的主人在家中。在巴尔的摩，执法人员惊讶地发现，该市半数被偷车辆的钥匙都插在打火器中。《巴尔的摩太阳报》指出，这个问题并不是巴尔的摩独有的。据美国国家公路安全管理局和美国运输部估计，40%～50%的汽车遭窃都是由车主失误造成。也就是说，他们可能将钥匙插在打火器中未拔出，或者是车门未锁、钥匙放在座位上。正如我们在前面说过的，绝大多数犯罪都是机会犯罪。不要把钥匙留在车上且不锁车门，那样很容易给潜在盗贼以可乘之机。随时记住多花几秒钟给车熄火，哪怕是在自家的车道上也不例外。快速跑回家拿个钱包，出来时却发现车被偷了，不值得冒这种风险。

> **40%~50%的汽车遭窃都是由车主失误造成。**

★一如往常，发挥态势感知力

人们很容易觉得车里是安全的，因为那里是你的私人空间。底线是，哪怕是在车上，你也需要将态势感知力保持在黄色状态，就如同在街上行走时一样。来自佛罗里达州的护士苏珊·比格斯趁换班时间还未到，坐在医院的车库看书。此时，两名男子走到打开的车窗前。他们举着枪，让苏珊下车。嫌犯驾车而逃，经过长期追踪才最终被捕归案。在车里无法像在家中那般自在，很遗憾，但这就是我们今天生活的世界的现实状态。

★ 何时最脆弱

因红灯或停车标志而停车时，要格外提高警惕。显然，车子未动时，很容易成为被攻击的目标。当你在公路上以每小时75英里的速度行驶时，很难受到攻击，也不用担心有人会劫车。如果有人靠近，不要打开车窗，也不要试图与之对话。留意他们的双手和行为。如果看见对方掏刀或举枪，或是直觉告诉你情况不对，那么请把车开动——无论向前后左右哪个方向。记住，行动拯救生命，所以将自己带出危险地带。

★ 不一定非要在车上

记住，劫车在车上或车外都能发生。达斯廷·弗里德兰在遭遇劫车逝世时，并没有上车。当时他正走出商场准备上车。在走向汽车时，注意那些可供人藏身的地方，把车停在光线明亮的区域，随时准备好车钥匙。

★ 能看到车胎吗

下次停车等红灯时，花几分钟观察一下前面的车。你停车的地方离前

> 一定要控制好与前车的距离。

车有多近？能看见前车的轮胎吗？提醒自己，停车的地方要能够看见前车的轮胎。这是一条足以拯救你性命的安全预防措施。每次停车或堵车时，都不要离前车太近，以至于看不见前面的车胎。这段距离足够你在遭遇紧急情况时掉头逃生。与后车的距离你完全无法控制，所以一定要控制好与前车的距离。

★ 油箱

大家都听过，油箱里至少要留一半的油。我知道这并非易事，而且绝大多数人永远也不可能做到。然而，不要让油量低于四分之一——永远也不要低到油表灯亮起。一旦遭遇紧急情况，需要驾车逃生，四分之一的油量能行驶大约七十英里。该距离足够逃离潜在威胁。

★ 车胎 = 控制

配备高质量轮胎，且保养得宜，此事非常重要，再怎么强调也不为过。四个轮胎就是你和心爱之人同道路之间的所有联系。如果需要驾车逃生，你需要获得尽可能多的控制权，而这就取决于你的车胎。你上次检查车胎气压是什么时候？事实证明，绝大多数人的车胎都充气不足。可以遵循下面这条经验法则：将车胎的气压保持在比胎壁上的 psi（磅 / 平方英寸，胎压单位）参考值低 10% 的数值。换句话说，如果今天出门看见自己胎壁上的参考值是每平方英寸 44 磅，那么就将车胎充气到 40 磅。（我不会在意汽车生产商的说法，因为他们不知道你最终会选用哪个牌子的轮胎。）这样不仅能提高控制权，而且汽油里程数也会提高。一旦车胎达到最佳压强，注意要时时检查，而且不要忘记查看备胎。

★ 正确调试

在讲授逃生与躲避课程的驾驶经验（SpyDriving.com）时，我首先要讲的是判断座位是否处于最佳驾驶状态。许多人的座位其实距离方向盘太远。有一个简单的方法可以帮你判断座位的最佳位置。下次上车的时候，将手臂打直伸出，然后放在方向盘上。手腕的底部要能够接触到方向盘。如果只能手指够到方向盘，那么座位太远，需要前移；如果方向盘已经碰到小臂，那么将座位后移，直至手腕能够到方向盘，而手臂又能完全伸展开为止。

★ 手的位置

上过我的课程的人都知道，手的正确位置能带来怎样的影响。我们会进行一系列的躲避障碍和车辆撞击练习。大家很快发现，如果双手不放在方向盘九点和三点的位置上，就无法控制车辆进行自如行动。如果驾车时需要躲避障碍，双手是否放在此位置至关重要。双手放置在九点和三点的位置上，能自动保持手肘弯曲，这样能以最大的机动性操控车辆。如果双手位置正确，前方有人试图拦车，你就很容易驾驭汽车绕过。

★ 一个真实的好莱坞老把戏：厢式货车

我们都看过某人被抓后扔进货车的电影情节。这是少数我能告诉你所言非虚的老套情节之一。一位上过我课的女士与厢式货车有过一次恐怖的亲密接触。当时是个晴朗的下午，在洛杉矶一个美丽地区，她走在街上，注意到有辆白色厢式货车跟在身边。这位女士立即感到不适。突然一名男子抓住她的手腕。幸运的是，她知道该如何应对，于是一边疯狂尖叫，一边将对方击退。那个男子跳进货车逃走。类似的案例不胜枚举，无论是在美国还是在国外都一样。其存在是有原因的。将人，尤其是大块头，扔进货车比扔进普通轿车要简单得多。所以即便是老生常谈，也要注意保持距离。

★ 侧镜

绝大多数美国人都会利用侧镜来看车的后部。下次上车后，注意侧镜。如果在其中能看到车身后部的任何一部分，那么就将侧镜向外掰。这样在驾驶时能看到更外围的区域，而且也能看清盲点。

劫车是如何发生的

有些案件中，劫车犯只用走到车边展示武器，要求你下车。其余情况下，劫车犯会利用更复杂的方法，操控你到达一个车辆能被偷走的位置。警惕劫车犯会使用的各种策略，这样就能辨别出情况是否与表面相符。

撞车抢劫

遭遇小型车祸之后，人们很自然地想要确定车身是否完好无损。如果汽车被后面的人撞了，决定检查损伤时请三思。在佛罗里达州的德尔雷海滩，一名男士刚从银行取完钱，车屁股就被撞了。在下车检查车子的损伤程度时，两名男子冲上前来掏出手枪，将受害者的手腕绑住索要钱物。男士声称没有钱，一名劫匪从他衬衫中搜出钱来，另一名劫匪意图闯进车中，但车门上了锁。类似事件在佐治亚州亚特兰大也发生过，结局惨烈。五十三岁的贾尼丝·皮茨正开车载着女儿和四岁大的外孙一同去工作，等红灯时车被杜威·格林撞了几次。她下车查看车子的损伤程度时，格林加速开车，将这位老祖母夹在两车之间。接着，格林倒车再次冲刺，碾过皮茨，置其于死地。格林有过鲁莽驾车的历史，曾因毒品被捕，还有过刑事犯罪主犯的记录。

劫车版乐善好施者

我们已经说过乐善好施可能带来的麻烦。同样的事情也可能引来劫车犯。奥兰多市的四个少女觉得假装汽车故障是个好主意，可以弄到钱买汽油，去市区逍遥一夜。女孩们打开警示灯开车乱晃，后来在一条街上发现一名步行的年轻男子，她们便将车开到停车场，请求对方帮忙处理车身过热的问题。二十一岁的卡梅伦·卡斯特罗掀开发动机罩，一个女孩用衬衫蒙住自己的脸，叫嚣着要他“把钱都交出来”。卡斯特罗交出五十美元，但换来的是被汽车的前保险杠撞击两次。在田纳西州的格林维尔，三名嫌犯也假装遭遇麻烦，以吸引好心人。表面看来是男女嫌犯坐在公路边上，汽车发动机罩敞开着。女人抱着个像婴儿的东西招手求助。等有人停车帮忙，车上就会蹿下另一名男子，两名男嫌犯举枪要求被害人交出钱来。

你想帮助遭遇汽车故障的人，这份心情完全可以理解，但事故可能是伪造的。底线在于，如果看见有人需要帮助，请用手机报警，如果决定下车帮忙，就要格外小心。

★ 陷阱

陷阱，简单来说就是在你自家的车道上抢劫你。1984年，美国外交官利蒙·R.亨特在罗马被变相陷阱所刺。一天晚上，亨特回到家，他得等大门打开才能把车开进去。等待期间，三名持枪男子从停在街对面的车中冲出，朝他开火。一名持枪者跳上亨特豪华轿车的后备厢，朝汽车防弹玻璃的间隙开了一枪，亨特最终中弹身亡。

★ 策略

我们都想安全行车，所以如果有其他司机朝我们打灯，或者示意我们靠边停车，我们出于对汽车安全的担心，可能会照做。然而，劫车犯早已懂得利用人们的这种恐惧心理来置人于险境。如果有人冲你疯狂招手，示意你靠边停车，而你的车子并没有起火，一切都没有不对之处，那就报警，并继续驾驶。

★ 如何避免被劫车

驾车时有一些基本技巧可以保证行车安全，记住，劫车犯诡计多端，你必须提高警惕和注意力。在英国，劫车犯会在汽车后窗上放些宣传册。司机直到车开起来，观察后风挡玻璃时才会注意到。当司机靠边停车去清理这些烦人的纸张时，劫车犯趁机冲进前座驾车逃走。所以要记住，任何时候都要提高态势感知力，遵循下列策略：

随时关好车窗，锁好车门。

驾车时注意回避。不要在高犯罪率或人迹稀少的地区驾车，避免过晚驾车。

停车等红灯或堵车时，尤其要提高警惕。同往常一样，不要打电话、发短信，或者用智能手机玩游戏。

小型交通事故导致的汽车受损不值得冒生命危险。不要担心保险杠受到的小损伤。最好是打开闪光灯，呼叫警察，待在车里等警察前来处理。

无论怎样的情况，都不要不顾安危将车停到路边，或在主干道上做好人。如果你想提供帮助，那么拨打 911，告诉警察路边有人在求助。

如果有人靠近车窗想跟你讲话，请隔着玻璃说，但不要开窗。车窗既是心理屏障，也是物理阻隔。感觉虽然奇怪，但罪犯很有可能觉得你难搞，从而放弃。

车里留部手机，以防需要求助。

听从直觉的指引，就如同我在所有情况下要求过的一样。我在工作中曾遇见过许多被劫车的人。他们全都告诉我“感觉事情不对劲”。所以，记住，听从直觉的指引。

你已经知道，至关重要的一点在于确保车后没有人跟踪。养成习惯，回家路上拐最后一个弯时先查看后视镜。如果有可疑人员跟踪，继续开车并报警。

抑制冲动，不要在上车时整理随身物品。不要浪费时间往手提袋里放东西。摆弄全球定位系统或打电话都会让你置身于险境。车发动前，如果有些事情必须在车里处理，记住时刻抬头注意周围。

站在罪犯的立场思考。你看起来像容易下手的对象吗？出商场时你在打电话吗？你是不是戴着许多昂贵首饰？应该注意一点，劫车犯对女人很有兴趣，无论年长还是年轻——只要她们是独自行动的。他们对一群人没有想法，因为难以对付。另外可能会让某些人感到心安的是，劫车犯一般不会对带小孩的母亲下手。因为母亲们会发狂般与他们搏斗，所以他们一般会选择避开。

★ 如何对付劫车

我当然希望你永远也不会碰到劫车，但以防万一还是告诉你应对方法。假设你在等红灯，一名武装罪犯走过来要你的车。你该怎么办？我想再次提醒，行动拯救生命。无论做什么，被吓得不敢动弹绝对不是应有的反应。

★ 如果带着小孩

不要询问能不能抱走小孩，直接对劫车犯说，孩子在车里，你要去抱他。然后解开小孩的安全带，抱他一起下车。

★ 如果劫车犯想连你一起劫走

很重要的一点在于，你要明白一旦和罪犯一起上了车，你就有性命之忧。如果同罪犯一起上车，被强奸或被杀的可能性会大幅提高。不要相信好莱坞电影中看到的情节，说什么和罪犯上车后可以说服对方放自己走。如果你被强迫上车，尽一切可能避免此事。用枪、刀、战术防身笔，无论什么都好，用上一切能用的方法，无论如何都不能和劫车犯一同上车。

★ 眼睛看到哪儿，车就开到哪儿

有没有看过醉驾司机在旷野中设法撞树停车的新闻，或是在大停车场撞到电线杆？这是因为，眼睛看到哪儿，车就开到哪儿，在实施驾车躲避策略时，了解这一点很重要。举例来说，如果在国外道路较狭窄的地方不得不驾车躲避，那么眼睛一定要盯着道路转弯的地方，这样到了合适的位置操纵汽车会更容易。

★ 你内心的特工精神：驾车躲避策略

说到特工电影，绝大多数人都会想到汽车追逐战——车上空有直升机追逐，特工们一面驾车飞过大桥，在繁忙的街头疾驰，一面从车窗开枪射击坏人。在逃生与躲避课程中，我最喜欢教授的是驾驶技巧，目的是教会普通美国人如何进行一百八十度反转、躲避伏击、撞击别人的车辆等。下面是我和学生们分享的一些技巧，也许有天能拯救你的性命。

★ 一百八十度反转，或称罗克福德式反转

你也许还记得吉姆·罗克福德（美国20世纪70年代热门电视剧《罗克福德档案》中的角色）驾着他那辆金色庞蒂亚克火鸟车所完成的疯狂行动。不知怎么回事，这家伙总把自己逼上绝境，一百八十度反转是唯一选择。所以如果为了逃生需要掉转车头之时，你该怎样做呢？

1. 将左手放在方向盘九点钟的位置。

2. 倒车行至你需要转弯的位置。为了确保车体完全倒转，至少要保持每小时二十英里的车速，以每小时二十至三十英里的车速为最佳。

3. 到达想要转弯的位置后，左手迅速将方向盘打到三点钟位置，与此同时脚松开油门。此时双脚不能碰触油门或刹车。

4. 车身掉转后，此时你应该面对的是相反方向。将车调整到车道上，继续驾驶直到安全为止（如果想观看美国广播公司《创智赢家》节目明星戴蒙德·约翰示范一百八十度反转的视频，可登录spydriving.com。）

★ 死亡线训练

这项技巧是教给那些从事保镖行业的人的。想象自己身处这样一个场景：你正在执行护卫任务，一辆车遭受袭击无法再开动。你需要利用仍在开动的车，将故障车推出遭袭范围。

1. 你需要同仍在故障车上的人行动保持一致。故障车必须挂空挡。

2. 不要猛踩油门，应该慢慢倒车，直至接触到故障车。

3. 接触到故障车后，继续倒车，将其推至安全地带。

★ 如何冲撞拦截车

想象这样一个场景：你碰到路障，必须冲过去逃生。希望你永远也不会面对这样的情景。关于驾车冲撞，有些事你应该知道。好莱坞的做法完全是错误的。不能像在公路上那样，以每小时六十英里的速度冲撞。这样的速度会让你的车失灵，即便冲过路障也无法再加速。实际上，你应该保持每小时二十至二十五英里的速度——最高上限。这个速度不仅足够撞开拦截车，而且还能保证你的车继续驾驶。冲撞拦截车时对准汽油箱，即后部。不要冲撞车前身，那里是引擎所在位置——太过沉重。

1. 接近拦截车时，时速至少（但不要超出太多）保持在二十英里。如果出于某些原因，你踩了刹车，想以时速五英里冲撞拦截车，冲撞不会成功，基本上只能造成小型事故。

2. 冲撞时瞄准拦截车靠近油箱位置的车后部。不要忘记踩油门加速冲过拦截车。换句话说，在冲撞拦截车时，全程踩住油门，即使是在撞开障碍之后也别松脚。

3. 一旦拦截车被撞开，请继续驾驶，尽可能加速逃走。

★ 司机倒下了

你有没有设想过，如果驾车载你的司机被埋伏射中——更有可能的情况是心脏病发作，你该怎么办？万一出现这种情况，有一个简单的应对方法。

1. 司机倒下了。紧紧抓住车座靠背或是驾驶座车窗上的把手，这样你能掌握一些控制权。

2. 将右腿或左腿（方便你行动的那条就行）伸到驾驶座，控制油门踏板。如有需要，将司机的腿移开。

3. 安全驾驶。再次声明，但愿你在现实生活中永远也不会用到这些驾车逃生策略，但世事难料，你永远也不知道下一步会面临什么。

12

自我防护

武器和自我防御的重要策略

史上最著名的武术家之一李小龙曾说过：“我害怕的不是一次能练一万个踢腿的人，而是每次踢一下，能坚持练习一万次的人。”掌握防身技能并不需要无所不知，精练几个简单的技能就足够了，这样到了使用之时，就能做到万无一失。本章中将要提到的许多情境都能用类似的技能应对。强烈建议你每天都抽出两分钟来练习这些技能。如果能每天投入两分钟时间练习，最终你会发现，这些技能甚至可以信手拈来。先挑选一项作为开始，等觉得运用自如时再练习新的技能。我当然希望你永远也不要碰到危险，但本章中学习的技能将足以拯救你或心爱之人的性命。

★ 逃跑以获安全

虽然我有足够的能力——我每周训练六天——但我永远也不会将自己

置于必须搏斗的境况。我总是注意逐步降低危险程度，只有在万不得已的情况下才运用这些策略。还应注意一点，你的目标是创造逃跑和求援的机会。虽然有必要挥拳出击和行刺，但如果情况允许，逃跑和求援永远是上策。

逃跑和求援永远是上策。

ETGS（即逃跑以获安全 escape to gain safety 的首字母缩略词）将帮助你记忆在受到袭击时怎样行动。这些原则在本章提到的大多数情境下都适用：

E 逃跑（escape）= 眼睛（eyes）：戳或刺袭击者的眼睛。

T 用以（to）= 咽喉（throat）：可以攻击袭击者的咽喉、喉头或声带。攻击此处会令对方向后倒。

G 获得（gain）= 腹股沟（groin）：如果袭击者在你面前，那就踢打其腹股沟。

S 安全（safety）= 小腿骨（shin）：反复踢打袭击者的小腿骨。如果该人身穿短裤，用脚狠擦其皮肤。

下面将介绍处于更危险困境下的应对方法，以防万一。不过，要记住的最重要的一点是，离开事发现场，不要吓得呆住不动；还有就是正如你将看到的那样，控制危险。一旦做到了这一点，面对任何紧急情况的首要任务都是逃跑、求援。

★ 情境：有人抓住你的胳膊，想将你拖走

将这个策略教给孩子也非常重要——你所有的家庭成员都应该清楚，如果某人抓住你的手臂，想将你拖走，该怎样应对。首先你需要反抗。虽然这时的自然反应是后退，但后退会让你陷入与袭击者的拔河赛。反之，你应该前进，突然抬起手肘砸向袭击者的脸。抬起肘部猛击能突破对方对你手臂的控制，这样你就能安全逃生。登录 spysecretsbook.com 可观看我的演示视频。

★ 关于儿童

如果是年纪比较小的儿童，或者遇到了强壮的袭击者，还有一个动作能帮你摆脱对方的控制。如果无法抬起手臂挣脱对方的控制，那就抬起另一只手，紧紧抓住被袭击者控制住的手臂。有了另一只手臂的帮助，就能摆脱对方的控制。

★ 情境：你被人从身后熊抱住

你正沿着最爱的小路慢跑，突然有人从灌木丛中冲出，将你熊抱住。

在这种情况下，不要向前跑，大步后退打破袭击者的平衡力。与此同时，掰开对方的手指，可能的话将其掰断。手小的话尤其容易损伤。最后，对这双手的伤害程度足够之后，袭击者会放手。这时，可以用手肘攻击其颈部，或者转身踢打其腹股沟，接着安全逃生。

★ 如果袭击者想将你举起

如果袭击者想通过后仰，然后以将你抱离地面的方式将你举起，用腿钩在他腿后，这样他就无法将你抓紧。接着再采用对付熊抱的技能。开始挣脱对方的手指，直至袭击者放手，这时你便可以逃生。

★ 情境：袭击者抓住你的头发

从正面：这种情况，女性比男性更值得担心，只需要记住，即便某人头发非常短，也可能被别人拽住。如果有人从前方逼近且抓住了你的头发，那么你要知道，他这样的位置实际上很便于你反击。因为他就在你身前，你十分清楚他的动作。你也知道，他抓住你头发的那只手无法再发起攻击。在这种情况下，你应该记起我们在本章开头说过的话：逃跑以获安全。此时，那个首字母缩略词就是行动准则。因为攻击者在你面前，你可以接二连三地发起攻击。记住 ETGS：眼睛、咽喉、腹股沟和小腿骨。

一旦向袭击者发起连续攻击并挣脱控制之后，向人多的地方跑，尽可能大声尖叫。

头发被人从身后抓住：这种姿势下看不到袭击者，但你清楚他所处的位置。重要的是，不要急于摆脱。相反，靠上去抓住他的双手，使最大的劲，死命抓住。然后开始旋转，同时还要紧抓住不松手，直至看见他的手臂向后弯折。此时可以掰开他的手，采用 ETGS 准则予以攻击，然后逃脱。

★ 情境：你被某人锁喉

有人想掐你，这显然是严重危机，需要立即逃脱，所用技能也适用于某人以威胁的方式抓住你的衬衫。这项技能简单得出奇，但效果惊人。为确保在需要时懂得如何实施，你需要留意脖子上有凹陷的位置。那块区域非常脆弱，也正是你要向袭击者发起攻击的地方。当这人双手抓住你的脖子时，请迅速伸出两根手指，狠命刺向他脖子的凹陷处。我保证，此人会被呛住，会弯腰后退，给你逃生之机。

★ 情境：有人要对你重拳相击

如果遇到有人似乎要对你出拳，该怎么办？每当有人进入我的私人空间，我个人会一直抬着手，只为保持警惕，随时做好准备。我不会表现出威胁性——我并无意因流露威胁性而使事态升级。这样做只是竖起一道屏障，当需要的时候就可以迅速反应。假设有人抡圆了手臂，挥舞着拳头向你走来——那架势简直像是要把你的头打爆。你需要将双臂向上弯曲，这样当他挥拳出击时，你可以猛砸他的上臂。现在你处于优势地位，可以转身面朝袭击者，向他的颈部砍去。这时候，你可以出击，也可以安全逃生。这种技能能让你处于优势地位，可向袭击者枕骨凹痕处出击，或向后脑勺上脊椎与头盖骨的接合处出击。要注意，对准枕骨凹痕处出击会令人完全丧失方向感。

★ 如果拳头直接打来

如果拳头直接朝你打来，你需要使用的技能有稍许差别。如果感觉有危险，你需要抬起手臂（再次提醒，不要表现出威胁性，以免令事态升级），提至约肩膀高度。当拳头径直打来，就弯曲前臂，这样拳头正好落在你的手肘尖上。

重拳砸上手肘会给袭击者造成极大的伤痛，这种策略很容易折断对方的手指。如果想了解其滋味，设想一下手握拳头，用最大的力气砸向餐厅的桌角。一旦袭击者砸中你的手肘，他的手指就有可能折断，你可以采取ETGS中的原则出击，或者干脆安全逃生。

★ 关于挑选和运用武器，你需要知道的

★ 战术防身笔

正如我在第三章中提过的，战术防身笔是我最爱随身携带的工具之一。你完全可以带去任何地方（包括乘飞机），对于那些还没准备好带刀带枪，或者生活地区禁止携带刀枪的人来说，这是个好选择。我所用的战术防身笔看起来毫无害处，但如果近距离审视，你会发现它拥有一些普通钢笔不具备的特性。它比普通钢笔要厚重（采用航空级铝合金制造），但最重要的是，其底端有一个尖角。不要担心，它不会尖锐到割伤你伸进手提袋或笔记本电脑包里的手，但凭借这个尖角，能造成严重破坏。在教授战术防身笔防身术的第一堂课上，我一般会用其锤击冰块，来展示这些钢笔的坚韧性。普通钢笔会被压碎，但锤击两次之后，我所使用的战术防身笔却将冰块破成两半。这种笔坚不可摧，它不仅可用来戳刺袭击者，紧急情况下还能用来击破玻璃。

★ 合适的战术防身笔

我测试过市面上所有的战术防身笔，最爱的一支价格为三十五美元（标价从十美元到三百美元不等）。登录 tacticalspypen.com 可查看我使用的这款。无论购买哪一款，都请确保考虑过以下事项：

质量取胜（购买所有武器的经验法则）。

应该有一个能用以攻击的坚韧的金属尖。

应该有笔夹，可以挂在裤子口袋或裤子内部。（如果放在手提袋或箱子底部，对你没有任何用处。）

盖尾应该扁平，可供紧握，而且这样你就可以将大拇指放在笔盖上增强攻击力量。

必须能流畅书写，能更换墨水，以供长期使用。

★ 握笔

用战术防身笔时，首先要知道的是如何正确握笔。正手握笔是可行的。关于正手握，可以想象手执刀剑刺向某人。然而，你会发现采用这种握姿，实际上没有太多控制能力。这样想对人造成严重打击会更难。或者你也可以采用握碎冰锥的方法（也称反手握）。反手握能让你更自如地控制战术防身笔，进攻时拥有更大的力量。正如我刚才提到的，将拇指放在笔盖顶端，这样有更多的支撑点。

★ 战术防身笔放在哪儿

这一点非常重要。战术防身笔如果要发挥作用就必须触手可及。你不可能在身处险境时还四处翻找搜寻。我喜欢将战术防身笔别在裤子的右侧口袋内。那里对我很方便，我一直都清楚，如果需要该去哪里拿。无论决定放在哪里，要一以贯之。你需要建立肌肉记忆力，以便条件反射般明白该去何处取。既可以别住钢笔，又触手可及的地方包括裤子口袋、T恤衫领口、手提袋的带子或者裤子内。

★ 利用战术防身笔

分为简单的三个步骤：

1. 握住战术防身笔。

2. 将笔直接抽出。

3. 将笔直接刺出（几乎就像拔枪一样）。

假装身处不同的危险情境下，练习使用战术防身笔，这样做对你有帮助。可训练在不同模拟情境下抽笔，例如站立、仰卧、行走中、逃离防线（或事发地）之时、被某人熊抱住后或有人朝你走来时。如果无法在上述所有姿态下都能成功抽出，那么你需要更换放战术防身笔的位置。一个很好的训练方法是，找个朋友或家人举着一个用过的比萨饼盒子，练习拔出战术防身笔朝其进攻。

★ 利用战术防身笔抵挡拳头

我们已经讨论过当有人重拳相击时，该如何自卫，现在战术防身笔又为你增添了一项工具。每当感觉不适——步行穿过一片混乱的街区，或是身处酒吧和餐厅，有人正用奇怪的眼神看着你时，做好准备，掏出战术防身笔。每次都应该降低事态危险性，所以不要用威胁性的方式执笔。应当小心地握在手中，让其靠在小臂上，这样，潜在的进攻者就不会注意到。如果对方抡圆手臂重拳相击，就运用我前面讲过的技能，抬高手臂抵挡拳头。然后，将另一只手——握着战术防身笔的手伸出，刺进袭击者腋下或胸肌，这样会令其受伤。

★ 如果拳头直接打来

再次运用某人直接重拳相击时的技能。不过，在这种情况下，你可以转动握笔的手，让战术防身笔朝上，这样袭击者的拳头就直接砸在笔尖上。你可以想象，这种滋味有多难受。

★ 携带刀具：你需要知道的

一如往常，你需要了解所在州县的法律规定。在刀具上身之前，确保研究过所在地关于带刀的合法性规定。和绝大多数情况一样，你需要找出最适合你的款式。下面几条事项，你需要在购买刀具前考虑清楚：

准备将刀放在哪里？腰带上？口袋里？

你爱穿什么样的衣服？如果平时多穿牛仔裤，就能够应付刀身粗糙的

边角。如果你总穿西装，那么可能会划破衣服，你需要带有光滑手柄的刀。

如何运用刀具？手动款，还是自动弹开式？

它能承受多大重量？

它能有多大尺寸？

★ 不要忘记练习

多数人都不会演练，但这一步至关重要，能帮你了解如何正确抽刀运用。一定要从接受过训练的专业人士那里学习正确的使用技能。用刀应当成为你的第二天性，当你遭受攻击时不假思索就能加以运用。

挑选日常也能舒适携带的刀具很重要，要坚持到底。不至于碰到紧急情况还要停下来思考：“我今天带的是什么刀来着？”你应该随时都知道所携带刀具的情况，且明白如何运用。

★ 遭遇刀刺时远离事发地

下面我们来看看，当碰到有人拿刀攻击你时，能帮你离开事发地的基本步法。成功的防御刀刺训练以三角形为基础，所有的动作都要呈角度进行。用刀具进攻的整个过程中，唯一能直接上前的情况就是，你狠狠地抵在进攻者的背上。

★ 步法矩阵

如果想练习这个步法，你可以在地板上贴上电工胶带，拼出一个大大的字母“X”，再在中间加一道横线，就像是在地上贴出一个巨大的星号。这样无论你想要前进、撤退还是侧向躲闪，该符号都能为你提供指导，帮你避开事发地。

★ 前进三角

前进三角让你拥有更多可能性，因为你可以一边躲闪一边进攻。你的脚步与迎面而来的威胁呈四十五度角。这种步法非常简单。如果向左进，那就先移动左腿闪避。如果向右进，那就先移动右腿。你会移动到能避开威胁的侧面。这一步将让你处于能避开袭击者攻击的位置。这种步法将你带至能造成破坏的地方，接着退回以躲避袭击。它还有一个附加的好处，如果需要狠狠撞击袭击者，这个位置也能让你的臀部更有力。只要记住，用这种步法后退和前进时，都要保持平衡。

★ 后退步法

你也可以用同样的四十五度角退出中心位置，以远离危险。你只需要练习将身体舒适地前进和后退，习惯这种步法的感觉。一旦遭遇危险，你就没有时间思考该怎样行动。

★ 侧向行动和绕中心旋转

如果危险从正前方直接逼近，你也可以向两边躲闪。向侧面移动，然后转身，迅速将身体背转过来。

★ 了解更多刀具防御知识

了解如何用刀具自卫是一项需要技巧和练习的重要工作。如果你想学习有关刀具防身的更多技巧，我强烈建议你查看我在 twosecondsurvival.com 网站的培训课程，然后在当地找一家著名培训中心。这项训练能切实地让你安心——你将学会如何应对在自动取款机前被刀具抵住后背、遭遇劫车时被刀具抵住咽喉的情况。正确的刀具训练还将教会你：

无论刀具抵住的是你的咽喉、胸膛还是后背，你都能够令袭击者缴械投降。

如果袭击者利用方向盘的杠杆原理来劫车，你能够令其缴械投降。

如果有人一直藏在你的车后座——这一点即便是在行车途中也能做到，你能够令其缴械投降。

如果有人趁你熟睡时进门，用刀具抵住你的咽喉，你能够令其缴械投降。

如果有人拥有致命武器，如何攻击其要害部位，例如肱动脉、颈静脉、

心脏，或者通过剖腹来发起反击。

★ 为了保持最佳状态，中情局前工作人员都做些什么

人们会希望，中情局前工作人员有一套足以打造出兰博（电影《第一滴血》的主人公）的日常训练内容。

事实上，我的日常训练远没有那么复杂，但非常有效。所有人都能练。我也希望自己是热爱跑步或健身的那类人，但我不是。我的训练都出自必须，都事出有因。我会举几个例子，讲述我为什么觉得你需要保持最佳状态。如果遭遇世界末日或自然灾害，我想靠双脚逃生，不至于走出十步就疲倦不堪。如果必须背上七十二小时工具包行走几英里，我不想因为多带二十二磅重的工具而产生任何问题。

我也想有能力摆脱短期危机。如果在停车场被人用刀抵住，或是拿枪指着，我希望能够迅速逃离危险区域，进行自我防御。或者当你在商场听到枪声，而来源正是你配偶或小孩正在购物的商场另一头，该怎么办？你当然想尽可能快地赶过去，但同时又不至于心脏病发作。

下面这些简单的训练内容将赋予你爆发力，让你在遇到危机时快速行动。

周一：高强度训练。全速奔跑十五到三十秒，紧接着暂停六十秒。我说全速奔跑，意思就是绝不含糊。这十五到三十秒钟，你要动用全部力气，不到气喘吁吁、感觉快死过去，就说明你还不够用力。我会

练习五次，接着走上半英里来平复。

周二：我会轻松跑上两英里半。这次我慢跑，不会折磨自己，但会出一身大汗。

周三：又一天高强度训练。五组十五到三十秒的全速奔跑，每次间隔休息六十秒。最后走上半英里来平复。

周四：又一天长跑，慢跑两英里半。

周五：又一天高强度训练，重复周一和周三的内容。

当然，你可以随心更改。但是如果你很长一段时间都没有过任何形式的训练，我建议你明天就行动起来。如果你像我一样训练，那当然不会是世界上最快乐的事，但你的身体会感激你。而且你也将获得内心的平静，因为明白如果遭遇危机，你有更好的体力足以安全逃生。

图书在版编目（CIP）数据

90 秒抵达安全：CIA 公民安全手册 /（美）汉森（Hanson，J.）著；陈磊译 .
—长沙：湖南文艺出版社，2016.4
书名原文：Spy Secrets That Can Save Your Life
ISBN 978-7-5404-7494-2

Ⅰ .① 9… Ⅱ .①汉… ②陈… Ⅲ .①安全教育—手册 Ⅳ .① X956-62

中国版本图书馆 CIP 数据核字（2016）第 043211 号

著作权合同登记号：图字 18-2016-016

上架建议：生活 · 安全

90 MIAO DIDA ANQUAN：CIA GONGMIN ANQUAN SHOUCE
90 秒抵达安全：CIA 公民安全手册

作　　者：［美］杰森 · 汉森
译　　者：陈　磊
出 版 人：刘清华
责任编辑：薛　健　刘诗哲
监　　制：毛闽峰　李　娜
策划编辑：付立鹏
特约编辑：王　静
版权支持：辛　艳
营销编辑：贾竹婷
封面设计：张丽娜
版式设计：李　洁
出版发行：湖南文艺出版社
（长沙市雨花区东二环一段 508 号　邮编：410014）
网　　址：www.hnwy.net
印　　刷：三河市鑫金马印装有限公司
经　　销：新华书店
开　　本：787mm × 1092mm　1/16
字　　数：177 千字
印　　张：15
版　　次：2016 年 4 月第 1 版
印　　次：2016 年 4 月第 1 次印刷
书　　号：ISBN 978-7-5404-7494-2
定　　价：38.00 元

质量监督电话：010-59096394
团购电话：010-59320018